留守儿童安全防范手册

李颖超　编

群众出版社

·北　京·

图书在版编目（CIP）数据

留守儿童安全防范手册 / 李颖超编．—北京：群众出版社，2013.6
ISBN 978－7－5014－5139－5

Ⅰ．①留… Ⅱ．①李… Ⅲ．①农村—少年儿童—安全—教育—手册 Ⅳ．①X956－62

中国版本图书馆 CIP 数据核字（2013）第 120282 号

留守儿童安全防范手册

李颖超　编

出版发行：群众出版社
地　　址：北京市西城区木樨地南里
邮政编码：100038
经　　销：新华书店
印　　刷：北京市泰锐印刷有限责任公司

版　　次：2013 年 6 月第 1 版
印　　次：2013 年 6 月第 1 次
印　　张：9.5
开　　本：787 毫米×1092 毫米　1/16
字　　数：130 千字

书　　号：ISBN 978－7－5014－5139－5
定　　价：23.00 元

网　　址：www.qzcbs.com
电子邮箱：qzcbs@sohu.com

营销中心电话：010－83903254
读者服务部电话（门市）：010－83903257
警官读者俱乐部电话（网购、邮购）：010－83903253
公安业务分社电话：010－83905672

前言：切实关注留守儿童这一特殊群体

在农村，甚至是中小城市，很多家长为了谋生存、谋发展而外出打工，有的是父亲或母亲分别外出打工，有的是父母双方共同外出打工，他们因为经济、工作等原因无法将子女带在身边，而把孩子留在家交给爷爷奶奶、外公外婆或者其他亲戚照顾，甚至是托付给邻居，这些没有父母陪伴的、得不到正常结构家庭抚养的未成年子女就是我们所说的“留守儿童”。

在大多数人的眼中，童年是美好和无忧无虑的，少年儿童理应在呵护和关爱中成长。不过留守儿童这个群体的情况往往不尽如人意。父母外出打工，在一定程度上改善了家庭的经济状况，为留守儿童的教育成长提供了必要的物质条件，有利于留守儿童自立自强。但同时，也使留守儿童的安全、教育、心理等方面面临着很多不容忽视的问题。很多外出的父母将孩子留在家中，监护人一般为爷爷奶奶、姥姥姥爷，老人的文化水平较低，对孩子的教育帮助不足，部分留守儿童的学习成绩时好时坏，对学习缺乏热情和进取心，有的甚至厌学、辍学，成为老师眼中的问题学生。

留守儿童是我国城乡二元体制在社会转型期的产物，同时也是社会经济发展、人口大流动的必然结果，他们是一个特殊的群体，天然的监护、教育缺陷致其无法享受到家庭正常的抚养、教育和关爱。留守儿童作为社会弱势群体，已成为遭受违法犯罪侵害的高危人群，犯罪被害的易感性更强。广泛的留守状态也成了适宜繁殖留守儿童安全问题的丰厚土壤。他们的教育、心理也较之其他青少年更加具有独特性，更值得全社会去关注、关心。因此，有关留守儿童的安全、教育及心理问题的预防研究已经刻不容缓。本书通过对留守儿童安全、教育及心理案件的分析，归纳总结了留守儿童人身安全遭受侵害的类型、教育方面经常出现的问题以及心理方面的特点，提出了相应的防范对策，以此减少和免除留守儿童遭受人身安全侵害的发生，从而让留守儿童健康快乐地成长。

由于时间紧促和本人编写水平有限，本书存在一定撰写水平上的不足，希望广大的专家学者和读者给与批评指正。由于实地调研的困难性，本书的案例均来自于网络新闻事实，并引用了大量专家学者的理论，谨在此对前辈学者的理论成果表示感谢。我想，无论是网络新闻，还是专家学者，我们的目的都是一致的，即把留守儿童的境遇通过文字描述传达出来，客观地反映出留守儿童的生活样貌，让远离其生活的社会各界人士能直观地了解他们，进而能对他们的现在和未来给与一些帮助；广大留守儿童、家长及监护人也可以通过阅读此书，学习到一些预防措施，避免或减少日常生活中类似安全问题的出现，让广大的留守儿童在广阔蔚蓝的天空下茁壮成长。

目录 Contents

第一编　留守儿童安全问题与防范对策

第一章 食物中毒引发的留守儿童人身安全案例与预防

【案例介绍一】 两岁小孩酒精中毒，昏迷不醒①

两岁零九个月的男孩小强昏迷已达两天。6 月 14 日凌晨，已昏迷 40 多个小时的小强被紧急送进省儿童医院 ICU 重症监护中心抢救。小强来自泸州，由年近六十的爷爷奶奶带养，父亲母亲均在深圳打工。6 月 12 日早上 8 点左右，小强的爷爷在厨房做饭，孩子忽然走过来拉着爷爷的衣角说“想睡觉”。才起床就想睡觉？这让老人觉得很奇怪，但也没太注意。十几分钟后，老人意外地发现孩子不停地在床上翻滚、抽搐、翻白眼，看上去十分痛苦。他抱起孩子，一股酒味袭来，查看一下屋里，发现可乐瓶装的家酿米酒有所减少。此前小强的爷爷在做早饭，奶奶外出，小强一个人留在客厅里玩。当时客厅里 1 米多高的桌子上放着一瓶装着家酿米酒的可乐瓶。出事后家人立即把孩子送到当地医院，在深圳务工的小强父母也匆忙赶回来。由于病情加重，14 日凌晨，心急如焚的夫妻连忙把孩子送到省儿童医院抢救。“没有及时进行有效的抢救，我们的责任很大，如果我们俩有一个在家里也可能好点。”几天几夜没合眼的小强父亲疲惫的眼神里透露出深深的悔恨。孩子的主治医生介绍，孩子这几天中只是偶尔醒来，随即又昏迷过去，现在孩子体内的酒精已全部排除，但酒精中毒损坏了脑组织，引起的脑水肿程度严重，造成脑功能没有恢复，是孩子一直昏迷的主要原因。

“每次外出打工，不是我们不想他，不担心他，实在是没有办法。”小强

---

① 新浪新闻 http：//news. sina. com. cn/s/2006－06－16/07569217631s. shtml2 ，2006－06－16

父亲说。为什么不把儿子带在身边呢？他无奈地说："到深圳去，我们根本没时间带他。到了城里如果没时间管，学坏比在农村快得多。"

【案例介绍二】3岁孩子误把老鼠药当米粒吃掉[①]

一天下午，一对老年夫妇抱着一个三岁的孩子冲进了市儿童医院急诊室，大声哭喊着："大夫，赶紧救救我们家的孩子吧，他吃了老鼠药了！大夫，快，求求你们了！"接诊的医生立刻对孩子采取了洗胃等一系列措施，这才让孩子转危为安。3岁男孩的家是附近农村的，为了养家糊口，父母去工地打工，没办法，就只好把年幼的儿子托付给了自己年迈的父母照顾。那天下午，孩子的奶奶给孩子喂过饭之后，就让孩子在院子里玩耍，奶奶和爷爷便去地里忙农活了。忙了一会儿的奶奶回头想看看孩子，结果却看到了令老人险些晕倒的一幕：不懂事的孙子错把地上浸泡了的老鼠药当成了米粒，正抓起放到嘴里嚼着吃。奶奶大喊一声想阻止孙子的行为，可惜为时已晚，孩子已经将米粒咽了下去，奶奶急得赶紧跑上前去给孙子抠喉咙，可惜没有效果，孙子怎么也不能将米粒吐出来，于是，年迈的老两口赶紧将孩子送到了儿童医院进行抢救，并通知了正在工地上干活的孩子的父母。儿童医院急诊室主任说："幸亏发现得及时，而且孩子吃的老鼠药药量较少，不然后果将不堪设想。"

【专家分析】

儿童年幼无知，极易误食有毒有害物质，导致食物中毒。在生活中，由于家长的疏忽致使儿童误食中毒的事件屡有发生。食入未经处理的各种含毒动、植物，如发芽的土豆、生扁豆、河豚鱼、蟾蜍等；或把毒物误作普通食物，如把桐油误作食油等，尤其是食用各种野生植物，常常成为缺少有关知

① 中国江苏网 http：//news. jschina. com. cn/focus/201004/t358280. shtml，2010－04－09

识的儿童中毒的主要原因。

吃变质的食物也有可能引起中毒，剩饭菜也可能致亚硝酸盐中毒。食物中毒的共同表现是发热、恶心、呕吐、腹痛、腹泻等症状，严重者可惊厥或昏迷。误服药品中毒，会出现呕吐、腹痛、腹泻等症状，但一般无发热。

如果发现孩子误食了毒物、药物、药水，应立即清洗胃内毒物，切不可错误地认为只要赶紧送医院就行了，要知道延误了时间，有毒的物质迅速被人体吸收，可能引起严重的后果。

发现孩子有食物中毒的现象时，如未发生呕吐，可用手指或筷子、牙刷柄等包上软布，压迫孩子的舌根，或轻搅他的咽喉部，促使其发生呕吐，把毒物尽快吐出。也可给他喝些温盐水，再用上法促使呕吐。如果严重，即送往医院急救。应耐心反复地做催吐动作，不可见吐得差不多了就停止，一定要让孩子将胃中所有的东西全部吐出来。

【专家支招】

1. 一定要把药品放在儿童拿不到的地方，或把药锁起来。其他有毒的危险物品，也要放在儿童拿不到的地方，如洗涤剂、漂白粉、杀虫剂、煤油等。杀虫剂废瓶、敌敌畏瓶千万不要给孩子拿着洒水玩，否则剩余的药液容易浸透皮肤而导致中毒。灭鼠的毒饵应在晚上上床睡觉后再放，白天孩子下地走动，一定要提前把它收起来，千万不能粗心大意。为预防儿童食物中毒必须注意以下九点：

（1）养成良好的卫生习惯。饭前便后要洗手。不良的个人卫生习惯会把病菌从人体带到食物上去。例如，手上沾有病菌，再去拿食物，污染了的食物就会进入消化道，就会引发细菌性食物中毒。

（2）选择新鲜和安全的食品。购买食品时，要注意查看其感官性状，是否有腐败变质。尤其是对小食品，不要只看其花花绿绿的外表诱人，还要查看其生产日期、保质期，是否有厂名、厂址等标识。不能买过期食品和没有厂名厂址的产品。否则，一旦出现质量问题无法追究。

（3）食品在食用前要彻底清洁。尤其是生吃蔬菜瓜果要清洗干净；需加热的食物要加热彻底。例如，菜豆和豆浆含有皂甙等毒素，不彻底加热会引起中毒。

（4）尽量不吃剩饭菜。如需食用，应彻底加热。剩饭菜，剩的甜点心、牛奶等都是细菌的良好培养基，不彻底加热会引起细菌性食物中毒。

（5）不吃霉变的粮食、甘蔗、花生米，其中的霉菌毒素会引起中毒。

（6）警惕误食有毒有害物质引起中毒。装有消毒剂、杀虫剂或鼠药的容器用后一定要妥善处理，防止用来喝水或误用而引起中毒。

（7）不到没有卫生许可证的小摊贩处购买食物。

（8）饮用符合卫生要求的饮用水，不喝生水或不洁净的水。

（9）提倡体育锻炼，增强机体免疫力，抵御细菌的侵袭。

2. 如孩子食物中毒，家长可尝试以下方法，实施家庭救治：

（1）想吐的话，就吐出。出现脱水症状时要到医院就医。用塑料袋留好呕吐物或大便，带着去医院检查，有助于诊断。

（2）不要轻易地服用止泻药，以免贻误病情。让体内毒素排出之后再向医生咨询。

（3）催吐。进餐后如出现呕吐、腹泻等食物中毒症状时，可用筷子或手指刺激咽部帮助催吐，排出毒物。也可取食盐 20 克，加开水 200 毫升溶化，冷却后一次喝下，如果不吐，可多喝几次。还可将鲜生姜 100 克捣碎取汁，用 200 毫升温水冲服。如果吃下去的是变质的荤食品，则可服用十滴水来促使迅速呕吐。但因食物中毒导致昏迷的时候，不宜进行人为催吐，否则容易引起窒息。另外，牛奶、豆浆、蛋清、绿豆水都是很好的洗胃液。

（4）导泻。如果孩子进餐的时间较长，已超过 2 ~ 3 小时，而且精神较好，则可服用些泻药，促使中毒食物和毒素尽快排出体外。可用大黄、明粉、番泻叶等煎服。但一定要对用量把握严格，不要伤到小孩子的身体。

（5）解毒。如果是吃了变质的鱼、虾、蟹等引起食物中毒，可取食醋100毫升，加水200毫升，稀释后一次性服下。此外，还可采用紫苏30克、生甘草10克一次煎服。若是误食了变质的饮料或防腐剂，最好是用鲜牛奶或其他含蛋白的饮料灌服。

（6）卧床休息，饮食要清淡，先食用容易消化的流质或半流质食物，如牛奶、豆浆、米汤、藕粉、糖水煮鸡蛋、蒸鸡蛋羹、馄饨、米粥、面条，避免有刺激性的食物，如咖啡、浓茶等含有咖啡因的食物以及各种辛辣调味品，如葱、姜、蒜、辣椒、胡椒粉、咖喱、芥末等，多饮盐糖水。吐泻腹痛剧烈者暂禁食。

（7）出现抽搐、痉挛症状时，马上将病人移至周围没有危险物品的地方，并取来筷子，用手帕缠好塞入孩子口中，以防止咬破舌头。

（8）如症状无缓解的迹象，甚至出现失水明显、四肢寒冷、腹痛腹泻加重、极度衰竭、面色苍白、大汗、意识模糊、说胡话或抽搐，甚至休克，应立即送医院救治，否则会有生命危险。

（9）当出现呕吐时，特别是有呕吐、腹泻、肢体麻木、运动障碍等食物中毒的典型症状时，要注意：为防止呕吐物堵塞气道而引起窒息，应使其侧卧，便于吐出。呕吐时，不要喝水或吃食物，但在呕吐停止后应尽早补充水分，以避免脱水。

第二章　溺水引发的留守儿童人身安全案例与预防

【案例介绍一】3 岁女童溺死在家门口的河里[1]

一天，某县 3 岁女孩小露露，像往常一样独自出门到外面去玩耍。她的爷爷奶奶都要下地干农活，她又没到上学的年龄，所以平时只能自己出门玩。可是，当天小露露的爷爷奶奶在地里干完农活回家后却再也没有像往常一样看到小露露回家的身影。在漫长而又焦急的等待之后，爷爷奶奶只好发动全村人一起去寻找小露露，最后发现小露露溺死在离家不到 300 米的一条河里。一眨眼，心爱的孙女儿就这样永远地离开了人世，小露露的爷爷奶奶无法接受这残酷的事实。然而，像小露露家这样的悲剧并不少见。仅仅是这一个县，当年就发生了 16 起儿童溺水身亡的事件，16 个家庭在顷刻间变得不再完整。由此可见，像儿童溺水这样的意外伤害事故的发生率有多么高。

【警察析案】

溺水已经成为我国留守儿童意外死亡的主要原因之一，尤其是对无人看护的低龄儿童存在很大的安全隐患。因此，儿童在参加游泳锻炼的同时，应该学习相应的安全常识，掌握必要的预防和抢救措施，确保平安。在农村，6 岁以下儿童的父母都是忙于务农或者外出打工，无暇照顾没有达到上学年龄的小孩，所以一般都是让孩子自己在村子附近玩耍。即使有老人的监护，或者有比小孩子岁数大一点的哥哥姐姐照顾，一个不留神、一个不仔细也很容易出现意外。

---

① 庄明．农村留守儿童安全教育［M］．成都．天地出版社，2008. 22.

【案例介绍二】三个男孩接连溺死于水塘中[①]

8月18日中午，仓州区11岁男童小军与两个同伴到离住处几百米远的土坡上玩，这个土坡之下，是一个面积200多平方米的大水塘。小军和同伴随后一起进入水塘玩耍，因为不会游泳，小军不幸溺水身亡。事发时，这个水塘无人看守，周边也没有警示标识。

如今，痛失爱子的小军父母悲伤欲绝。村民们称，水塘是去年年底所挖，可能是附近居民建房挖取泥土、石块留下的大坑。但究竟施工者是谁，谁该为这起事故负责，至今尚无定论。

不久前，在这个区的另外两个工地已发生过类似事故。7月2日14时许，安齐村附近一工地内，三名少年到水塘嬉戏，其中一名12岁少年溺亡。7月3日下午，仓州区一个小区附近的桥下工地，有一名13岁的男孩溺亡。

【警案析案】

家长在事故发生前应该提早告知孩子“那个水塘很危险，不要到水塘附近玩耍”，或是村委会应该担当起这个责任，在水塘附近设立一些障碍、标识，以阻止孩子们靠近。孩子的安全不仅需要家长的照顾，也需要整个村落全体村民共同关注。

【案例介绍三】12岁儿童不幸溺水身亡[②]

5月7日下午，几名小孩在金华汽车南站东侧的一处闲置地块玩耍时，发现附近一个水塘里漂浮着一具小孩的尸体，回家后跟家长说了，家长意识到情况严重，赶紧报案。警方马上赶到现场。

---

① 福州新闻网 http：//news. fznews. com. cn/dbrx/2012 - 8 - 20/2012820CxjIwlCOut223439. shtml，2012 - 08 - 20

② 网易新闻 http：//news. 163. com/10/0511/07/66CT6AJK00014AEE. html，2010 - 05 - 11

民警在水塘边发现了小孩的校服裤子和一件上衣，从他的校牌上可以看到，小孩是开发区一所民工子弟学校的学生。民警立即与小孩家长取得了联系。

据了解，溺水的小孩姓田，是贵州人，今年 12 岁。5 月 3 日下午，小孩就已经失踪了。

“我最后看到他是在当天下午 4 点半左右，当时他在看篮球赛。”溺水小孩的老乡回忆，“附近的一些水塘什么的全部都找过了，就是那里，因为距离有点儿远，没有去找。”

【警察析案】

暑假是学生人身安全事故多发的时期，为确保同学们的安全，学校在放暑假前要落实好安全措施，告知学生假期安全必知事项。同时，学校要与学生家长加强沟通，让家长在假期里看好自家的孩子，严禁孩子私自到水库、池塘、小溪等危险的地方游泳戏水。

【专家支招】

溺水自救措施：

1. 儿童在不慎被旋涡卷住时应保持镇静，立即使身体平卧在水面，用爬泳迅速冲出旋涡。因为旋涡的中心吸引力大，不容易把面积大的物体卷入水底。切不可直立踩水或潜入水中。

2. 如果小腿抽筋时应先深吸一口气，仰在水面上，用手握住抽筋腿的脚趾，并用力向身体方向拉；同时用另一手掌放在抽筋腿的膝盖上，帮住小腿伸直，使抽筋缓解。

3. 儿童如不慎呛水应保持冷静，在水面上闭气静卧一会儿，再把头抬出水面，调解呼吸动作，很快就会恢复正常。如果心慌，不能控制自己身体的平衡，再次接二连三地发生呛水，就可能会引起喉头痉挛，造成溺水，甚至危及生命。

溺水现场的紧急抢救：

1. 抢救时，救护者为防止溺水者抱住自己，一般应该从背后接近溺水者，两手推住溺水者的髋部，迅速将其拖上岸。

2. 上岸后，如果发现溺水者停止了呼吸，应该立即清除口鼻中的泥沙、杂草、泡沫，保持呼吸道的畅通；而后用毛巾或是手绢包住溺水者的舌头，将其拉出，用夹子夹住舌头，以防缩回。

3. 迅速采取口对口的人工呼吸，具体方法是：溺水者仰卧在地，救护者应该用薄手巾盖住溺水者的口部，一手捏住溺水者的鼻子，以防吹气时漏气，另一只手拖起溺水者下颏，用嘴对着溺水者的嘴将气吹入，吹完一口气后，嘴和捏鼻子的手同时离开，接着用手压一下溺水者的胸部，以助呼吸。如此有规律地反复进行，直到溺水者的呼吸出现为止。人工呼吸通常每分钟向溺水者口内吹气20次左右。

4. 根据抢救经验，进行人工呼吸的时间一般较长，救护者要有信心和耐心，千万不要轻易放弃。当溺水者出现微弱的呼吸后，也不能马上停止人工呼吸，必须要继续进行一段时间，因为此时的呼吸非常微弱，随时都会有再次停止的危险。

5. 如果发现溺水者的心脏已停止跳动，除做人工呼吸外，还要同时进行心脏的起搏按摩，以恢复心跳。具体方法是：溺水者仰卧在较为坚硬的地面上，救护者的右手放在溺水者的心脏的正上方，左手掌重叠在右手上，而后稳健有力地向下垂直加压，使得胸下压缩心脏，然后抬起手腕，使得胸部扩张，心脏舒张。这样有节奏地进行着，每分钟60～70次。手掌用力下压时不要过于猛快，手掌按压心脏上方的面积不要过大，以防骨折。

通常情况下心脏的起搏按摩应该与口对口的人工呼吸结合起来，二者要配合一致。一般是吹一口气，做5次左右的心脏起搏按摩。

6. 当溺水者苏醒后，应该密切注意其肺部情况，注意生命体征的测定，如：体温的变化、心脏的跳动规律、血压的变化、大小便的情况；特别是7天之内要注意吸入性肺炎的发生。必要时还需要把溺水者送入医院，观察一段时间。

第三章　烧烫伤、火灾引发的留守儿童人身安全案例与预防

【案例介绍一】 留守儿童三姐妹7年内相继伤残[1]

2005年11月20日新华网：广东惠州林某夫妇长年在深圳打工，由80多岁的奶奶照顾三个女儿。7年之内，姐姐林某婷因蜡烛引燃大火烧成双脚残疾；小妹林某思在帮奶奶提开水时被严重烫伤；二妹林某容6岁时在家用柴火烧水时引起大火严重烧伤，脸跟胸连在一起，眼睛因拉扯而闭合不上，双手双脚畸形程度严重，被别人称为“鬼孩”，她4年没有出过家门一步，更没有上过一天学。林某夫妇说，所有人看到这个女儿都不敢再看，辗转四五个医院没人愿意给她动手术，他们甚至想过遗弃这个孩子。走投无路的时候，广东省第二人民医院整形美容科提出愿意帮助林某容。主治医师罗某说：“我从医20多年来第一次看见这样的病例！父母不仅没有在孩子身边照顾好她，而且在她烧伤后的4年也没有给予必要的救助，只是将她藏在家里，导致病情一天天恶化。”广东省第二人民医院10位专家为林某容做了7小时的手术，让她的下巴和胸部成功剥离。林某容父母看到手术后的女儿，流下了眼泪。主治医师罗某说，她在一年内至少还要进行5次手术才可能恢复正常人生活。看着孩子变成这样，做父母的能不难过吗！林某无奈地说，不打工就没有足够收入维持生计。他们在深圳靠卖猪肉年收入1万元，需要买饲料、交房租、养活女儿和年迈的母亲，生活很艰难。因为穷，大女儿辍学，唯一上学的小

---

① 新华网 http://news.xinhuanet.com/politics/2005-11/20/content_3807356.htm，2005-05-20

女儿的学费也经常没有着落。

【警察析案】

随着我国城市化进程的加快，将近1.2亿的农村人口涌向城市务工，因此数以千万计的农村儿童远离打工的父母；一些农村儿童由于缺乏父母监护和关爱，容易出现安全、健康、教育等方面的社会问题，甚至导致人身伤害、死亡等悲剧的发生。如此多悲剧令人痛心疾首，怎样才能减少此类悲剧的发生，各地公安机关呼吁亟待建立“未成年人监护人委托制度”。针对农村留守儿童的状况，要从多方面加强对他们的关心、照顾、教育及管理，以免悲剧的不断发生；在未成年人保护法中加入“未成年人监护人委托制度”，落实留守儿童的责任主体，并重视其教育及管理问题；同时，一些城市应该改变按户籍入学的政策，让孩子能在父母打工地入学，以减少农村留守儿童的数量。

【专家支招】

除了日常生活中常见的火、沸水等引起的烧伤、烫伤，化学物品强酸强碱等也可引起皮肤黏膜的烧伤。常见的强酸有硫酸、硝酸、盐酸、石炭酸等，其对人体组织的损伤程度与酸的浓度及接触时间有关。硫酸烧伤的皮肤表面呈棕褐色，盐酸石炭酸的伤面呈肉色，硝酸的伤面呈黄色。如果酸类通过口腔进入消化道，则口腔、食道、胃黏膜会造成腐蚀、糜烂、溃疡出血，黏膜发生水肿，甚至造成胃穿孔。

防范措施：

1. 抱孩子的时候不要端热饮料或较热的食品。

2. 不要把热的食物或者开水、热水壶等放在桌子边缘。

3. 厨房是儿童烧烫伤发生的主要场所，要加强对厨房用品和电热用品的管理，在烧饭、烧水时，留心身边的儿童。尽量让孩子远离厨房，最好把厨房的门锁上。

4. 刚使用过的电熨斗应远离儿童的视线，防止电熨斗底面光亮吸引儿童用手触摸。

5. 点火用具，如打火机、火柴等放在孩子不易取到之处，尤其不能放在儿童的手可够着的桌子上，让孩子远离火种。

6. 从微波炉中取出食物时，要让孩子不在周围；电饭煲等热容器不要放在地上和低处。

7. 电器插座放置高处或加盖，使孩子不易碰到。

8. 不要将幼儿单独留在卫生间，洗澡时在澡盆里要先放冷水，再放热水。

9. 电动玩具在给幼儿玩时，要检查其电路和电池是否完好。

10. 卧室内不要放点火器具。

出现烧伤、烫伤时的处理：

1. 孩子被开水、稀饭等烫伤的事时有发生。这时首先要脱离热源，然后采用冷疗法，如冷水浸泡或湿敷，用冷水长时间冲洗，可降低皮肤温度，止痛十分有效。也可以使用冰块降温，但注意防止冻伤，勿使用时间过长。

2. 伤面衣物粘连避免剥脱，可用剪刀剪开，尽可能保留创区水疱，伤面就近用纱布或清洁的毛巾、被单及衣服等进行简单包扎，防止再次污染。

3. 创面禁涂有颜色的或刺激性强的药物或物品，如甲紫、红汞、酱油、牙膏、各种类型黑药膏等，以免再次加重创面的损伤或影响后续治疗中对烧伤创面深度的判断和清创。

4. 如果是化学物质损伤，比如各种酸或碱造成的化学性烧伤，早期处理也是以清水冲洗，且应以大量的流动清水冲洗，尤其是眼睛，绝不能耽误，而不必一定要找到这种化学物质的中和剂。因为过早应用中和剂，会因为酸碱中和产热而加重局部组织损伤。皮肤冲洗干净后再到医院进一步处理。

5. 对于生活中的小烧烫伤来说，上述方法是合理的，但对于特殊原因的烧伤或非常严重的烧伤，有危及生命的状况时，比如面积很大（成人超过患者自己15个手掌面积的大小，小儿超过自己5个手掌面积的大小）、电烧伤、存在吸入性损伤、休克、昏迷等，应该马上采用最快的急救措施，比如叫救护车等，不能耽误时间。若大面积严重烧伤，应立即就近入院治疗；切忌乱用外涂药物，创面要保持清洁干燥。

早期处理正确与否，直接影响到孩子入院后的治疗效果。

【案例介绍二】 儿童因玩火引发的火灾①

2月9日中午，记者来到某村西侧的火灾现场，只见两大堆玉米秸全被烧光，周围的杨树熏得漆黑。现场村民证实，当时火势很大。现场3个蓝色编织袋子里装着3名男童的尸骸。家属在现场悲痛欲绝，围观群众也为之动容。

据记者了解，三名男童最大的11岁，最小的才7岁，还有一名是8岁。其中两人是表兄弟，俩孩子在一起玩，同时葬身火海，对其家庭来说是致命的打击。据参与救援的村民说，现场惨不忍睹，3个孩子已经被烧得面目全非，最后经过家属仔细辨认才确认孩子的身份。

经过相关的检查、鉴定，确认3名男童系被火、烟烧呛而死，排除他杀的可能。另据记者了解，曾有村民在当天上午见到3名男童在玉米秸垛里面玩耍。

【专家支招】

室内防火须知：

1. 要经常检测室内电器线路、电器开关、插座是否发热，防止由于电线过热、老化等原因而引起电器火灾。在农村，农民朋友要组织清理、搬迁房前屋后堆放的柴草。某县有一农户不慎引起厨房电线着火，因厨房前堆放柴草垛，导致邻近其他房屋着火。

2. 不要带电移动大功率电器，电器不可接近明火，遇电器故障要迅速通知专业维修部门来处理。

---

① 安徽广播网 http://www.ahradio.com.cn/news/system/2012/02/11/002062494.shtml，2012-02-11

3. 家用电器或线路着火，要先切断电源，未切断电源就使用灭火剂扑救，很可能会发生触电伤亡事故。

4. 家庭要配备灭火器。万一家庭发生电器火灾，在迅速切断电源后，最好用二氧化碳灭火器。因为二氧化碳灭火后不会对电器产生腐蚀，而有的灭火剂虽然不导电，但绝缘性能不是很好。二氧化碳灭火器灭火机理是通过降低燃烧物周围空气氧浓度来实施灭火。二氧化碳是一种中等毒性的物质，当二氧化碳在空气中的浓度达到2%时，会使人产生不愉快感，此点应注意。灭火后，应注意房间保持通风。

火场逃生须知：

1. 平时要有应急心理预防，开展家庭防火演练。一旦发生火灾，可清楚逃生路线；如火灾难扑灭，要在第一时间逃生，要珍爱生命，做到迅速安全撤离火场。到达安全场所后，要及时拨打火灾报警电话。

2. 发生火灾不要顾及家庭贵重物品，不要把救命时间浪费在穿衣服或寻找、搬运贵重物品上。在火场充满烟雾时，可用湿毛巾、口罩蒙住口鼻，匍匐撤离。如果是身上着火，应赶紧脱掉衣服或就地打滚，压灭火苗。

3. 如果不幸被火困在室内，要关紧迎火门窗，用湿毛巾、湿布等塞住门缝，不停用水淋透房间，固守等待救援。被困者，要尽量待在阳台、窗口等易于被人发现的地方。如果仍难被人发现，可晃动鲜艳的衣物或敲击东西，发出求救信号。

4. 在公共场合突遇火灾时，要保持镇静，不要盲目跟从人流乱冲乱撞，忌慌不择路。

留守儿童防范火灾的措施：

1. 父母、师长要教育儿童养成不玩火的好习惯。任何单位不得组织未成年人扑救火灾。

2. 不要让儿童乱扔烟头和火种。

3. 学校给儿童开设消防安全课程。教育孩子爱护消防器材，掌握常用消防器材的使用方法。

4. 教育儿童进入公共场所要注意观察消防标志，记住疏散方向。

5. 儿童在生活中用火要特别小心，火源附近不要放置可燃、易燃物品。家中发现煤气泄漏，速关阀门，打开门窗，切勿触动电器开关和使用明火。

6. 儿童在家中看电视时，连续开电视4～5个小时需关机休息一会儿，特别是气温高的季节。看电视时不要用电视罩覆盖电视机，防止液体或昆虫进入电视机，不看电视时要切断电源。

7. 冰箱散热器温度很高，儿童不要在冰箱后面放易燃物品。不能用冰箱存乙醇等易燃液体，因为冰箱启动时产生火花。不要用水洗冰箱，以免短路引燃冰箱组件。

8. 儿童在家使用电褥子不要折叠以免损伤电线绝缘层，造成短路而引发火灾。不要长时间使用电热毯，离开时一定要断电，以免过热发生火灾。

9. 儿童在家自己玩电脑时，使用时间不宜过长，风扇的散热窗要保持空气通畅。电脑不要接触热源，保持接口插头接触良好。防止受潮和液体进入电脑，防止昆虫爬进电脑中。

10. 发现火灾速打报警电话119，消防队救火不收费。了解火场情况的人，应及时将火场内被围人员及易燃易爆物品情况告诉消防人员。

【案例介绍三】留守儿童被炸死调查：孩子舍命挣钱买笔①

2009年11月30日，突然“轰”的一声巨响将正在酣睡的广西某村村民们从梦中惊醒，一个非法鞭炮生产点发生爆炸。被全身烧黑、面目全非的小孩被一个个从着火的楼房中抱出来。在装配火药的房间里面装满了制造爆竹的原材料和工具，据了解，在这个房间内装配好火药之后，再由孩子们安装引信，一盘鞭炮有1000多个药筒，每盘火药仅仅给三毛钱，他们冒着生命危

---

① 腾讯新闻 http：//news. qq. com/a/20091129/001352. htm，2009－11－29

险换来的收入却仅是为了购买零食和学习用品。因事故死伤的 13 名小学生最小的只有 7 岁，最大的 14 岁。其中烧伤面积达 90% 以上的 5 人，烧伤面积 55% ~78% 的 4 人，烧伤面积 12% 至 40% 的 3 人。1 名儿童在送往医院后经抢救无效于 12 日 22 时 30 分死亡。而烧伤的孩子将经历 2 到 4 个星期感染期的生命考验，在感染期内仍然随时有生命危险。当地卫生局局长曾某说：“病情的情况是这样，现在的 11 例病例里面，有 5 例仍然处于危重状态。”区区三毛钱，舍命为哪般？

当地派出所所长说：“当时火势非常大，里面这个是厅，厅里面着着火，里面那些鞭炮噼里啪啦响。”派出所的民警随后赶到现场惊讶地发现，现场有 13 位伤者都是孩子。当时全身烧黑、面目全非的小孩被一个个从着火的楼房中抱出来时，小孩的哭声、大人的喊叫声响成一片。受伤儿童的家长说：“都变样了，认不出，皮都烧光了，没有了。”

【警察析案】

这幕鞭炮爆炸事故的悲剧再次给我们敲响了警钟，留守儿童的权益必须得到尊重和保护，这些孩子年纪小，父母不在身边，缺乏自我保护能力，他们的权益如何维护成了一个社会难题，希望全社会的爱心人士、全社会的爱心企业都来关注社会留守儿童的生存问题。虽然当地政府紧急拨款作为抢救费用，可是这对 13 个孩子的抢救工作来说无异于杯水车薪，资金存在着巨大的缺口，抢救过来的孩子以后的生活将非常的困难。

什么样的生活状态促使留守儿童走进鞭炮黑作坊？很难想象当别的同龄人在学习和玩耍的时候，这十几个小孩却挤在小屋子里，一个一个往爆竹上插引信。在经济不发达的当地，一天一块多钱的工钱对几岁、十几岁大的孩子来说挺有诱惑力的。不过，他们却为此付出了血的代价。一些受害儿童的父母告诉我们，直到爆炸发生后他们才知道，自己家的孩子原来跑到了这个黑作坊里打工赚零花钱。远离父母的关爱，这些留守儿童在农村里到底是怎么长大的？

这确实是一个很普遍的社会难题。以前很多农民工反应，他们不是不想把孩子带在身边，可是在外打工收入不高，根本没办法支撑城里的学费、借读费、生活费。孩子们的遭遇让人痛心，平心而论，留守儿童这种特殊现象是我们在工业化、城市化转型中，所不得不付出的各种社会代价之一，不可能完全避免，可是也不应当让这种代价完全由农民工和他们的下一代去承担。我们有义务建立一套公共服务体系，扶持一批服务机构，尽量为留守儿童弥补成长过程中所缺失的环节。今天的孩子就是社会的未来，他们成长中遇到的烦恼正是社会需要解决的问题。

【专家支招】

上述案例是鞭炮爆炸引发火灾从而导致儿童死伤的惨案。鞭炮爆炸事故必须引起家长和监护人的足够重视，比如在春节期间就要格外引起注意。春节往往是孩子们最开心的时候，因为他们可以燃放烟花、爆竹。儿童对鞭炮的渴望是成人不能理解的，震耳欲聋的鞭炮声既刺激又新鲜，让儿童很喜欢。然而鞭炮虽然好玩却很容易造成伤害。儿童多因未能及时躲开、捡“瞎炮”，使用伪劣产品或在制造运输过程中鞭炮意外爆炸而受伤。受伤多见于手、面、眼、耳部。手伤，伤口小、浅，有少量出血，重者可伤及肌腱、神经、肌肉、骨及关节；严重者手掌、手指大部被炸掉失去原形。所以大人们要看管好自己的小孩，不可让儿童在无大人陪伴的情况下，自行燃放烟花、爆竹，防止被鞭炮炸伤。也不要靠近烟花爆竹存放的库房，一定注意安全，平安过节。如果遇到没有危及生命的炸伤情况，儿童自己和监护人一定要学会如下防护措施：

1. 如果是眼睛被炸伤，特别注意千万不能用水冲。因为水容易使鞭炮中的化学物质产生反应，造成眼部酸碱烧伤；也不能用手揉眼睛。正确的方法是用干净纱布将受伤的眼睛遮住后，尽快去医院就诊。对眼睛局部肿胀、疼痛、无皮肤开放的伤口，用冷毛巾湿敷。

2. 如果有爆炸异物飞入眼内，切忌揉眼，要轻闭双眼或稍眨眼，让表浅的异物随泪水流出。如有异物进入眼球深部，绝不可压迫眼球，以免眼内组织脱出。额头和眉弓被爆竹炸伤时，要注意自我检查眼睛视力，初步判断有无视神经间接损伤。

3. 如果是手部或足部被鞭炮等炸伤流血，不能乱涂药膏或酱油、牙膏等物品。正确的方法是应迅速用双手按住出血部位，如有云南白药粉或三七粉可撒上止血，并马上去医院就诊。如果出血不止又量大，则应用橡皮带或粗布扎住出血部位的上方，抬高患肢，急送医院清创处理。但捆扎带每15分钟要松解一次，以免患部缺血坏死。如需要，可拨打急救电话120。

4. 还应检查一下鼻毛有无烧焦，这种现象意味着可能会烧伤呼吸道，如果有要及时就医。

第四章 触电引发的留守儿童人身安全案例与预防

【案例介绍一】 电线杆上掏鸟蛋，触电身亡

小学生小余与同学一起到水塘边玩耍，小余突然提出要上水塘边的电线杆上掏鸟蛋，他不顾其他同学的劝阻便开始徒手攀登电线杆，上至杆顶后触电，直到导线烧断人才从电杆上掉下来，当场死亡。

【案例介绍二】 毛衣针插电源插座，电伤致残①

2004 年 11 月，年仅 3 岁的小安昌由其祖母看护在家玩耍时，将毛衣针插入床头写字台上的电源插座中，立即被电烧伤。经鉴定，小安昌的面部损伤构成七级伤残，其右手损伤构成十级伤残，左手也留下了难以愈合的疤痕。事后检查发现，该农户漏电保护器长期未维护，被木片塞住不能工作，使孩子在触电时未能得到及时保护，从而导致事故的发生。

【专家分析】

随着农村经济的发展和农民生活水平的提高，农村生产和生活用电器日益增多。而越来越多的农村触电伤亡事故，不得不引起人们的关注和重视。外出务工人员的孩子通常由祖父母照看，由于老人文化程度有限，往往欠缺安全用电常识，或需要同时照顾多个孩子，不能兼顾，因此留守儿童目前已成为农村安全用电中最需要关注的群体。

安全用电知识普及不到位，缺乏用电常识使得农村居民安全用电意识和

---

① 庄明．农村留守儿童安全教育［M］．成都．天地出版社，2008. 38.

用电自我保护意识淡薄，普遍存在侥幸心理和麻痹思想。因此，安全用电自我保护意识的严重不足，是造成当前农村触电伤亡事故的重要原因之一。在农村尤其是经济比较贫穷的地区，由于相当一部分人员的文化水平较低，在安全用电上仍处在一种盲区，不知道哪些能动，哪些不能动。大人都不懂得如何安全用电，更何况他们的孩子。由于缺乏应有的安全用电常识，所以随时都有发生触电的可能。因缺乏安全知识造成的触电伤亡事故，主要表现为以下几类形式：

1. 用湿手去触摸、插拔电器（如擦灯泡、开关、插座）时触电，或在灯头上装插销不慎触电。

2. 带电移动电器设备，因设备漏电造成触电。

3. 用水清洗一些带电的家用电器。

4. 看到电线断落地面，不管有没有电，就赤手拨拉断落的带电导线。

5. 发现有人触电时，赤手拖拉触电者。

6. 使用不合格或报废的电器产品，电器外壳带电，人体碰到造成的触电。

7. 儿童触摸灯头或插座造成的触电。

8. 儿童爬登电杆或变压器造成的触电。

9. 非法窃电或盗窃电力设施形成的触电。

10. 不按规定装设剩余电流动作保护器（又称漏电保护器）或选用劣质的剩余电流动作保护器。

【专家支招】

农村、学校和家庭用电的防范措施：

孩子发生触电事故，村委会、学校、监护人都有不可推卸的责任。村委会、学校、家庭应联手保障孩子安全，经常开展用电安全知识的教育，对于不规范的用电现象要及时纠正，消除用电带来的安全隐患。防止触电的常用技术措施要有：绝缘、屏护、间隔、接地、接零、加装漏电保护装置和使用安全电压等。在完善技术措施的前提下，还要严格遵守以下几点安全操作规程，从而最大限度地避免触电事故的发生。

1. 加强用电安全管理和用电安全知识的宣传普及教育，增强儿童的安全用电观念。积极通过多渠道、多方式来加强安全用电常识的普及教育。比如和学校结合把安全用电常识带入课堂；把安全用电的电影送到农村；利用农村的赶集日印发一些安全用电常识等资料发给群众。总之，调动一切可以使用的手段来宣传安全用电常识，让人们杜绝违章用电行为，提高自我保护意识，减少触电事故的发生。

2. 儿童自己要认真学习安全用电知识，提高防范触电的能力。注意电器安全距离，不进入已标识电器危险标志的场所。不乱动、乱摸电器设备，特别是当人体出汗或手脚潮湿时，不要操作电器设备。

3. 在发生电器设备故障时，不要自行拆卸，要找持有电工操作证的电工修理。公共用电设备或高压线路出现故障时，要打报警电话请电力部门处理。

4. 按设计规范和操作规范施工，保证安装质量。用电设备、电线和电线的敷设等必须符合技术标准要求，不用质量低劣、破旧损坏的电线和电器设备。而用电者必须具有一定的安全用电知识和较强的安全用电意识，才能确保安全用电。

5. 电器设备一定要有保护接零和保护接地装置。并经常进行检查，确保其安全可靠。

6. 根据线路安全载流量配置设备和导线，不任意增加负荷，防止过流发热而引起短路、漏电。更换线路保险丝时不要随意加大规格，更不要用其他金属丝代替。

7. 修理电器设备和移动电器设备时，要完全断电，在醒目位置悬挂“禁止合闸，有人工作”的安全标示牌。未经验电的设备和线路一律认为有电。带电容的设备要先放电，可移动的设备要防止拉断电线。

8. 通过在危险地带设立警示牌和警示标语来提醒大家注意安全。比如，在鱼塘附近有高压线，就要在鱼塘边写上“附近有高压电，垂钓注意安全”等警示牌；在变压器上应挂“禁止攀登，高压危险”；在配电区域要有“行人止步，高压危险”；在极易攀登的杆塔上要写“禁止攀爬，杆上有电”等标示牌。

9. 要广泛宣传《电力法》中以产权管理电力设施的规定，以增强电力设施产权所有者对用电设施的管理责任。一般情况下电力的使用者，就是用电设备、电线等产权的所有者。产权属于谁，谁就要对其安全性负责。如果因使用、维护、管理不当造成人员触电伤亡以及设备损坏，产权人就负有责任。有些农村电力使用者认为，只要是因电引发的事故，就是供电企业的责任，殊不知这是一种片面和错误的观点。

10. 发生电器火灾时，应立即切断电源，用黄沙、二氧化碳灭火器灭火，切不可用水或泡沫灭火器灭火。

第五章　交通意外引发的留守儿童人身安全案例与预防

【案例介绍】9 岁孩子过马路遭遇车祸①

那是 7 月的一天，中午天气特别炎热，9 岁的李小明放学后回到家中，跟奶奶要零钱，说要去商店买冰棒吃。奶奶正忙着打扫家里的卫生，随手掏出一元钱递给了他。

待孙子出去几分钟后，奶奶才想起来买冰棒要穿过大马路，她急忙停下手里的活跑了出来。当她看见孙子的身影时，孙子已经在马路中央了，一蹦一跳地过马路，根本不看左右的车辆。这时，一辆摩托车正从西往东开来，她看着远处孙子背影忙喊，可是没等她喊出声，“砰”的一声，摩托车极速冲了过来，李小明一下被撞倒在地，鲜血立即淌了出来。奶奶亲眼目睹天真活泼的孙子葬身于车轮下，眼前一黑，昏死过去。

【专家分析】

有些在家看管孩子的老人由于没有什么文化，对交通安全常识了解得不多，没有能力教育孩子交通安全常识。他们通常认为在衣食住行方面对孩子照顾好了就够了，没有意识到还要对孩子进行安全教育。在这样的情况下，孩子很容易出现交通事故。

近年来，多数村庄已实现了“村村通公路”，公路上过往的车辆频繁，交通环境极为复杂，孩子进入公路环境中很容易发生交通意外。孩子喜欢到村

① 李少聪．农村留守儿童心理及行为问题疏导［M］．西安．第四军医大学出版社．2011. 188.

边公路上玩耍，行为无常，或追赶汽车或在车辆驶进时突然横穿马路，疏忽大意之下造成交通意外的发生。

儿童走路易分心，容易被周围的事物所吸引，或是和同学说笑打闹，极易发生危险，所以过马路时专注是极为重要的。行走时不要东张西望，不能边走路边看书，即使是与同学聊天，也不要忘记观察路面情况，以免被路面上的障碍物如石头、砖头等绊倒，更不能嬉戏打闹。父母应该给孩子讲解一些交通安全知识，包括以下几点：

1. 告诉孩子如何过马路。家长要告诉孩子，穿越马路时，要走直线，不可迂回穿行；不要翻越道路中央的安全防护栏和隔离墩。如马路对面有熟人、朋友呼唤，千万不能心急跑过马路，以免发生意外。

过马路要先观察左边过来的车辆，再观察右边来车，在确认安全后才可以通过。严格遵守交通规则，当信号灯变绿时，应看清楚左右的车辆，等车辆都停下来后再穿越马路。在信号灯将要变更时，绝对不要抢行，应等待下一个绿色信号灯亮时再前行。

2. 告诉孩子如何过没有指示灯的路口。要告诉孩子，当要通过车流量大、车速快的公路或街道时，要走人行道。因为没有红绿灯，所以要以“让”为主，不能斜穿猛跑，要避让过往车辆，不要在车辆临近时抢行或突然快跑，以防驾驶员反应不过来而发生交通意外。

如果车流没有停下来的意思，你又很着急的话，可以和司机打一个手势，示意他你要过马路，这样司机就会提前有一个心理准备，车速就会减缓，这时你可以通过马路，但一定不可以跑。也可以同许多大人一起过斑马线，这样比较安全。如果自己已经落队，就要收住脚步，等待下一拨横过马路的团队。

3. 告诉孩子如何避让转弯车辆。要告诉孩子，在道路上碰见转弯的车辆时，不能靠车辆太近。当看见汽车的方向灯闪烁时，就表明汽车要转弯了，左边的灯亮起是说明要左转，右边的灯亮起说明要右转弯。这时应注意避让车辆转弯，尽量多留出一些空间。

4. 遇到交通事故，可打122电话向警察叔叔求救。要告诉孩子，如果遇到交通事故，要迅速记下肇事车辆车牌号、车型、颜色等特征，然后再打122电话报警。在报警时一定要言简意赅地说明情况，在最短的时间里说清楚主要发生的事实概况。一要简要说清楚发生了什么事，二要说清楚详细地址，三要说清自己的姓名和联系电话。

最后还要提示：外出务工的家长应该定期给孩子打电话、写信，上面要写一些关于交通安全的温馨话语。要知道，父母的监护对孩子来说是无法取代的。

第六章　暴力事件引发的留守儿童人身安全案例与预防

【案例介绍一】　留守儿童被野蛮殴打致死①

2012年2月12日，河南嵩县，10岁的小龙和三个小伙伴玩耍时，被邻村的一个22岁，人见人怕的“村霸”野蛮殴打致死，抛弃到河中。家人寻找了一天一夜后，终于在河滩的下游打捞出了孩子的尸体。

12日晚上9点的时候，跟随爷爷奶奶生活的小龙没有回家，于是他的爷爷奶奶去村子里找，找了整整一个晚上没找到孩子。直到第二天早上，听到和他一起玩的小朋友说，小龙昨天晚上被邻村的一个22岁的村霸殴打后带走了。事情紧急，小龙的爷爷立即报案并发动村民寻找。中午时分，有人发现大渠边上有血迹，当地公安立即进行了采样，以勘查是否为人血。化验结果确定后，由于河中水流湍急，家人联系了电站关水。14号上午9点多钟，从大渠里捞到尸体，当时，捞出后孩子已经血肉模糊，脑袋已变形。在打捞小龙的过程中，孩子们在河边发现了殴打小龙的村霸，他极力为自己辩解，随后，小龙的家人报警，公安局来人将“村霸”汪某带走。

小龙的父母常年在深圳打工，已经出去6个年头，无法对孩子监管，平时就是打打电话，暑假的时候把孩子接过去待一段时间，其他的时间就是在家跟随爷爷奶奶生活。事发当时，小龙的同伴看到他被打后，都吓跑了，却没有采取喊人呼救等措施。

派出所认为案情重大，迅速向县局主要领导汇报，县局领导立即安排刑

---

① 搜狐新闻 http：//roll. sohu. com/20120218/n335135273. shtml，2012-02-18

侦大队会同派出所民警全面开展侦破工作。2012年2月13日晚，嫌疑人汪某被成功抓获。汪某家庭贫困，据本村村民反映，汪平时性格内向、孤僻、不合群。

经审讯，汪某供述：2月12日19时许，汪在路边碰见受害人小龙在和几个同龄孩子玩耍，汪某朝受害人蹬了一脚，遭到受害人辱骂而发生争执，汪对小龙殴打直至休克，然后将受害人扔到渠中，致受害人死亡。

【专家支招】

这个案例是一起典型的校园外暴力事件。一些留守儿童既得不到父母的照管，也缺乏上一代人的关爱与照料，使得对少年儿童的保护处于一种缺失状态。而这时校园内外会出现一些敲诈勒索，打群架、斗殴现象发生，它不仅影响学生的学习，影响家庭的和谐，影响学校的稳定，而且更伤害着我们学生的心灵，不利于学生的健康成长。这种情况应引起家长重视，密切注意孩子的情绪，发现问题及时帮助孩子解决，如果家庭无法解决的，可以和校方取得联系，也可以报警。那么留守儿童如何面对这些“村霸”等的暴力行为呢？

1. 不做逆来顺受的学生。在威胁与暴力来临之际，首先告诉自己不要害怕。要相信邪不压正，终归大多数的同学与老师，以及社会上一切正义的力量都是自己的坚强后盾，会坚定地站在自己的一方，千万不要轻易向恶势力低头。而一旦内心笃定，就会散发出一种强大的威慑力，让坏人不敢贸然攻击。

2. 大声地提醒对方，他们的所作所为是违法违纪的行为，会受到法律严厉的制裁，会为此付出应有的代价，在能确保自身安全的前提下大声呼喊求救。

碰到施暴者应尽量保持镇静，不要惊慌，有勇有谋地保护自己。无论如何一定要记住施暴者的人数和体貌特征，以便事后及时报警或报告老师。告诉学生们，最好是运用自己的智慧与坏人进行周旋，达到既能保护自己，又能巧妙制伏坏人的最佳效果。

3. 如果受到伤害，一定要及时向老师、警察申诉报案。不要让不法分子留下“这个小孩好欺负”的印象，如果一味地纵容他们，最终只会导致自己频频受害，陷入可怕的梦魇之中。告诫大家：千万不能因为一时害怕而选择怯懦，不报警只能助长施暴者的嚣张气焰，他们不仅还会不停地来纠缠你，而且还会继续危害其他同学。

4. 要搞好人际关系，强化自我保护意识。这也是防范校园内外暴力的一条途径。一个有广泛、良好人际关系的学生，就不容易成为被勒索、敲诈和殴打的对象。

5. 学校协同家庭共同保护。家庭应多就防范问题给子女做指导，要求子女能及时将情况告诉父母，取得父母的帮助；另外，家庭也要多和学校联系，反馈子女情况，对那些经常上课迟到或者是迟迟回家的学生，尤其要作好和家长的联系工作，掌握学生行踪，及时处理，防患于未然。同时学校也要作好学生的心理指导，消除学生的惧怕心理，对有轻微暴力倾向的学生作好心理疏导，化解矛盾，融洽其人际关系。

6. 要慎重择友。要对学生的交友进行教育，鼓励多交品德好的朋友，多交“益友”，不交“损友”，对已经受到暴力侵害的朋友要多安慰，但不宜鼓动或煽动其找人来报复，以免引起更大的争端。

7. 转化后进生。对学校和执法部门而言，学校要积极作好转化差生的“绿洲工程”，抓住学生具有极大的可塑性这一特点，积极发现后进生身上的“闪光点”，用爱心来感化，用耐心来做细致的思想工作，用诚心和后进生交朋友，多了解后进生的思想；同时还要加强法制教育，让学生懂得什么该做，什么不该做。针对学校出现的问题，请派出所民警给学生上法制课。与当地政府联合召开后进生及其家长的座谈会，学校、社会、家庭合力齐抓共管后进生；要和执法部门增强联系，严惩社会不良分子对在校学生的骚扰，创造一个良好的学习、生活环境。

为了预防遭遇施暴，特别提醒学生要远离学校周围一些游手好闲、奇装异服的人；在上学、放学时和同学结伴而行；尽量走人多的大路，避开僻静的小巷；随身携带的财物（如随身听、手机等）也不要轻易外露；放学后一定要及时回家，不要到游戏室和网吧去，因为在这些场所里玩耍最容易被坏人作为施暴对象。

【案例介绍二】 实施家庭暴力母亲亲手打死自己女儿①

李某的丈夫长期在外打工。李某经常打骂女儿小云，邻居们常常听到小云痛苦的哭声。一天清晨，准备带小云去附近公共澡堂洗澡的母亲李某，要小云抓紧时间洗脸刷牙，可是小云没有刷牙便开始找东西吃。顿时，十分生气的李某便对小云推推搡搡，并顺手抄起擀面杖对她的头部猛击，随后，小云痛苦的哭声更加激怒了李某，她一脚踢中小云的小腹，导致小云头部重重地碰到水泥地上。接着，母亲李某又拿起梳子，用带齿的一边在小云头上猛敲，直至小云不再挣扎和哭闹。即便这样，狠心的李某依然没有罢手。看到瘫倒在地上只有喘息力气的小云，李某一边叫着“叫你装死”，一边随手又拿起搓衣板照着小云的背部狠狠地连续砸了好几下，小云当时就口吐白沫，嘴鼻流血。当天下午，一直瘫倒在地上的小云神情恍惚并且说她的头部疼痛。第二天凌晨，小云几乎没有了呻吟的力气，母亲李某才勉强拨通了在外打工的丈夫的电话。小云的父亲得到消息后，连夜赶回家将小云送到医院治疗，但不幸的是小云在路上便停止了呼吸。可怜的小云死后便被草草地掩埋，直到警方得到举报后，在日后验尸才揭开小云莫名死亡的真相。医院鉴定，导致小云死亡的直接原因是外力形成的脑部严重内伤。

---

① 庄明．农村留守儿童安全教育［M］．成都．天地出版社，2008. 49.

【专家分析】

家庭暴力一直是一个沉重而郁闷的话题。家庭错误的暴力教育方式很可能导致孩子心理出现偏差。有很多家长还存在“棍棒底下出孝子”“不打不成器”的传统观念，其实家长都爱孩子，但棍棒的教育方式实际上是对孩子的一种伤害。孩子正处于青春期，正是思维成长的重要阶段，他们的眼睛被外界的新鲜事物所充斥着，有时候观点和想法会和家长产生分歧，这时候家长要耐心地正面引导，而不是稍有分歧就拳脚相加。长期的家暴可能导致孩子焦虑和抑郁、妄想、学习成绩不好、记忆混乱以及攻击性行为以及自杀倾向，父母的拳脚过重还可能导致日后出现肺病、心脏病、肝病等其他疾病。凡事都以爱的名义，爱的结果却产生了恨，有的家长甚至采用更极端的方式，控制不住自己的情绪，把孩子当成了出气筒，稍有不顺心便把气全部撒在了孩子身上，如本案例中的小云母亲，把孩子殴打致死，导致了家庭惨剧的发生。

家长打孩子的原因大致由于以下几种：

1. 工作原因导致的。家长工作压力大，在外面受了气，回到家就把气发泄到孩子身上，孩子就成了出气筒，使家长的恶劣情绪得以释放。

2. 家庭原因导致的。夫妻出现感情不和、家庭矛盾、家庭贫困等问题，无心经营夫妻感情生活，进而导致对孩子或是故意出气或是干脆不再爱护。无暇照顾已经很不负责任，有的家长甚至认为夫妻感情不复存在，孩子的存在也是没有必要甚至是累赘，从而对孩子施暴。

3. 受家庭重男轻女思想的影响。很多家长的重男轻女思想根深蒂固，家中如果是女孩子，或者孩子较多，尤其可能对女孩暴力相待，和男孩子差异对待。

4. 精神障碍。有的家长本身存在精神疾病或人格障碍，或是酗酒、吸毒，都有可能打孩子。

家庭暴力对孩子的影响：

1. 加剧了不良行为的产生。家长对孩子施加暴力，不仅不会对孩子产生正面的积极的教育，反而会加剧孩子的不良行为。孩子会从家长身上学习暴力行为，进而效仿，施暴于其他伙伴或同学的身上。

2. 加剧了亲子冲突。父母打骂孩子，不仅使未成年的孩子承受皮肉之痛，更严重的问题是使他们的心灵受到伤害，对父母产生排斥心理，不利于以后的青春期成长，并成为“离家出走”的直接原因。

3. 极易产生不良的性格特征。在家里经常被父母打骂的孩子，不良的性格特点最为明显，容易产生孤僻、自卑、自闭、抑郁、焦虑、暴躁等性格特征。孩子本身的性格特点是他们性格长成的内在动因，而父母的打骂则是未成年人不良性格产生的重要根源。

4. 父母的暴力行为成为孩子的攻击性示范。儿童具有强烈的模仿他人行为的倾向，家庭成员、尤其父母，是年幼的孩子最早模仿的主要对象，而且父母在孩子心目中越是重要、权威性越强，孩子模仿得越起劲。孩子长期受到父母打骂，就会模仿父母的惩罚性行为，学会粗暴、打斗、残酷，并照父母的这种示范攻击别人。

【专家支招】

1. 孩子遇到家庭暴力时，如果家中还有其他家庭成员在，那么其他家庭成员应该及时制止这种行为的产生，用语言对施暴者进行教育或者直接将施暴者拉开，如果这两种方式都不奏效，那么应该直接将孩子拉走，带到安全地点。如果情况很恶劣不能控制，这时可求助邻居或者居委会、派出所民警等。

2. 如果周围有熟悉施暴家庭的第三者，或者是陌生人遇到有家长对孩子实施家庭暴力的时候，不管认识与否，都应当及时进行劝阻、制止，或者直接向有关部门反映。

3. 儿童在受到暴力之后，家庭其他成员或邻居等知情者，应对儿童进行心理安抚和疏导，告诉儿童不要害怕，不要留有阴影，知错就改就是好孩子，不必对自己的错误耿耿于怀，而且家长打他们是不对的。如果家庭暴力对孩子的身体造成了伤害，应当及时帮他进行救治，必要时可以去医院接受治疗。

4. 学校和老师应该平时多向儿童宣传自我保护意识，如果发生家长责骂和殴打他们的情况发生，应该学会应对措施，不要硬碰硬，先主动承认自己的错误。如果这样还是不能让家长的火气降温，那么孩子就要学会及时躲避，向家庭其他成员或者邻居、老师等求救。并且树立法律意识，让他们了解未成年人保护法，知道自己的人身权利不受侵犯。

5. 国家直接的法律手段是制止家长对儿童实施家庭暴力的有效手段。国家承担保护儿童的责任，儿童的权益应当受到法律保护。当儿童身体权、人身自由与人格尊严权受到侵害时，不管是直系亲属还是社会人员，国家的司法保护应直接扩展到家庭内部，受害者可以向国家寻求帮助。司法是家庭暴力受害人保护的最后屏障。

第七章 留守儿童自杀案例与预防

【案例介绍一】12 岁留守儿童自杀于祠堂[①]

安徽太湖一个 12 岁少年在祠堂边自缢身亡，留下遗书称想念外出打工的父母，自缢前深情吻别陪伴自己的爷爷。

2008 年 2 月 25 日是（安徽）太湖县某镇小学开学的第一天，也是该校五年级学生小章爸妈出门打工的第十天。然而，就在这一天，小章选择了告别这个世界：在人迹罕至的村祠堂后面一间小屋，他自缢在一根横梁上，裤子口袋里留下一封给父母的遗书。遗书中，他留下了让所有人都刻骨铭心的一句话："你们（指父母）每次离开我都很伤心，这也是我自杀的原因……"

2008 年 2 月 25 日，小学校园里非常热闹，同学们都领到了崭新的课本。当天下午三点多钟，12 岁男孩小章跟其他同学都一起放学回家。不过小章却显得有点异样，他回家时书包空空的，所有新书都放在教室座位的抽屉中。"爷爷，我可以亲你一下么?" 放学后的小章回到家里，看见爷爷正围坐在桌前打麻将，就上前对爷爷轻声说道。爷爷听到这句话心里还直乐，可他不知道这竟是自己与孙子见的最后一面。当天晚上，姑父曾与小章约好了到他家里去住。可等了好久没等到小章，姑父赶紧给他家里打了个电话，得知也不在家里。又去电学校询问，被告知学校已经放学了，小章也不在学校里。大家顿时慌了。家人发动邻居在屋前屋后展开了大搜索，最后在人迹罕至的祠堂后面发现了他。被发现时，他吊在祠堂后一间小屋子伸出来的横梁上，已经没了气息。

---

① 新浪新闻 http：//news. sina. com. cn/s/2008 - 02 - 27/143415031098. shtml，2008 - - 2 - 27

小章自缢的那间屋子在一座祠堂后面。这座祠堂傍山而建，后面是很陡的山体。祠堂后这间房子其实是间土砌房，已经很破烂了，伸出来的横梁也朽坏了很多。据村民介绍，这座祠堂是祭祀祖宗的场所，平时很少有人到这里来。小章的尸体被发现后，人们在他裤子右边的口袋里发现了一封遗书，一位知情人告诉记者，遗书写在当天发下来的《社会实践活动材料》封皮的背面。遗书的内容大概是：敬爱的爸爸妈妈你们好，请你们原谅我，我不能再爱你们了。我还欠丽丽姐 20 元钱，请你们替我还给她。你们每次离开我都很伤心，这也是我自杀的原因。落款日期是正月十九。

小章的爷爷告诉记者："他三点多下课后回到家中，当时我正在陪人打麻将。他就出去玩了，四点多回来时，他突然趴在我的后背，说'爷爷，我想亲你一下'。说到这，这位 72 岁的老人泪如雨下，"我没有想到他是在跟我告别啊，我一辈子也忘不了那一亲。"爷爷告诉记者，这孩子平时很温和，成绩也很好，但没想到他竟然会寻短见。老人告诉记者，这几年小章的父母都在外面打工，每年都是过年才回来一趟。第一年小章跟他住，后来几年都是跟姑姑住。但今年孩子却只愿待在家中，希望妈妈留在家中不要走。"他妈妈走当天，他特别不情愿，还跟妈妈吵了一架，回家偷偷抹眼泪。其实他父母出门也是想让家里生活好点，把这间破旧的房屋整一整啊。"老人说，"现在回想起来，孩子出事是有预兆的，前几年他寒假作业很早就做完了，但这次却一个字不动。还非常不愿妈妈出门，只怪我们没重视啊。"

【警察析案】

年仅 12 岁的生命消失了，究其原因，无非是希望父母能陪在自己的身边，能够享受从最亲的人那里得的爱。"你们（指父母）每次离开我都很伤心，这也是我自杀的原因……""爷爷，我可以亲你一下么?"多么乖巧、懂事的孩子。"我没有想到他是在跟我告别啊，我一辈子也忘不了那一亲。"72 岁的老人事后只能泪如雨下，无限悔恨。我们能责怪这个 12 岁的少年不懂父母的心吗？我们能责怪他七十多岁的爷爷还有其他亲属没有照顾好他吗？我们能责怪学校老师教育留守儿童的方法不当甚至有问题？我们能责怪这位少年儿童的父母为了将破旧的房子整一下而长年奔波在工地上而不顾自己的孩子吗？“我还欠丽丽姐20元钱，请你们替我还给她。”金钱可以还清，但我们欠孩子的是多少金钱也弥补不了的啊。

【案例介绍二】两姐妹以死证清白

某村13岁的小敏和9岁的表妹小玉由奶奶照顾，由于村里小卖部老板娘诬陷她俩偷钱，在试图给父母打电话诉说未果后，留下遗书投河自尽。她们在遗书中流露出对父母不在身边保护自己的绝望，还认为年老的奶奶没法帮她们，只能以死证明清白。外地打工赶回的父母悔恨不已，奶奶一病不起，整个家庭陷入哀痛中。该省教育厅有关领导透露，该省每年发生近千起儿童意外伤害及死亡事件，其中相当一部分涉及农村儿童，多数因为远离打工父母的监护而发生意外或自杀。

【案例介绍三】10岁留守儿童喝农药自杀①

西安蓝田县某村，一如往常的寂静。细长的街道四通八达，连接着村子里的人家。阳光从街道两旁繁茂的槐树、榆树中钻出来，一路斑驳。孩子们上学去了，他们的父母大多外出打工去了，村子里的老人们，三五个聚在一起，话不多，眯着眼，静静地坐着。

6月15日6时30分左右，这个村子，一名叫小阳的10岁孩子，摇醒睡在身边的哥哥小东，说了一句“我喝药了，不用去上学了。”小东听说弟弟小阳喝药了，赶紧喊来了正在院子打扫的妈妈。——妈妈是几天前才从新疆回来的，因为家里要收麦子。

---

① 腾讯新闻 http://news.qq.com/a/20110706/000064.htm，2011－07－06

妈妈跑进房里，闻到一股浓重的味道，农药瓶子倒翻在地。这瓶农药原本放在房子一楼客厅东北角一个暗红色柜子下面，是去年买来给果树除虫的，用剩下的就一直搁在那里。

妈妈把孩子抱到院子里，拼命灌凉水，希望孩子能把农药吐出来。半个小时后孩子被送到了离家约4公里外的乡医院抢救。然而，一切都晚了，他喝下了近半斤敌敌畏。

妈妈说，6月15日早上6点15分左右，她就叫醒了孩子，催他起床做作业，“因为孩子前一天没有把作业做完。但是他说，作业没写完老师会打人。”

小阳有一个专门用来记录每日作业的笔记本。这本笔记已经记满了11页纸，从记录来看，他的作业一般每天有五项左右，其中写着“星期六”的一天作业相对较多，有13项，包括抄写课文重点内容、英语造句、写作文等。他笔记本上记录的最后一次作业共有7项，包括：错的20遍默写；练习册、期中卷子和5单元卷子；听写1～2单元生字，错的改20遍；1～3单元日积月累必会；作文（成功、痛苦、快乐）；练笔；抄题。

家人认为，作业负担重、老师体罚是导致孩子自杀的原因之一，这个笔记本是孩子作业繁重的直接证据。孩子的奶奶说，孩子作业多，有时候一天做不完，就劝他第二天再做，“第二天他就不敢去学校了，我就写请假条让其他孩子捎给班主任，总共请了几次这样的假，我都记不清了”。

【案例介绍四】14岁留守少年喝药自杀①

5月23日上午，留守少年小北卖了小半袋玉米筹钱准备去上网时，被奶奶识破，小北不承认，奶奶说回头让爷爷问问看是谁卖的，要是小北的话得挨打。之后，奶奶去忙活了，也没在意。后来一直不见小北，奶奶才感觉不对劲儿，于是赶紧找。

---

① 中国新闻网 http：//www.chinanews.com/edu/2011/06－15/3114106.shtml，2011－06－15

随后，有亲戚在村西头一块即将收割的麦田里找到了小北的外套，上面散发着浓重的农药味。小北可能喝农药了，亲戚大感不祥，并立即通知众人四处寻找。最后，在村外一公里处的田间小路上找到了仰躺在路边的小北，只见他口吐白沫，双眼紧闭，已经没有了呼吸，身旁弥漫着一股浓重的农药味。120 急救人员也无回天之力。

年迈的奶奶哭得几欲昏厥，赶来的村民也都静默、叹息、流泪。这个幼小又脆弱的生命真的就这样离开了吗？他们实在难以相信。当天下午，小北在深圳打工的父母和哥哥赶回，看了小北最后一眼，为他办了丧事。

如今，时隔 20 多天，奶奶仍神情恍惚，她说，从 4 岁时小北就一直跟着她和老伴在老家生活，在孙辈中她也最疼小北。“从来没有打过他，说要打他，其实根本舍不得。”她一直觉得说小北的那句话根本算不上“吵”，但没想到小北会选择喝农药自杀，这事她一直想不通。

事后，家人从小北同学处得知，一年多前小北学会上网，两个多月前他开始玩一种叫《穿越火线》的网络游戏，并逐渐沉溺其中，“上网一个小时两块钱，一天最多去网吧五六次，有时候逃学去上网。”因为上网，小北生前还借了小明 29 元钱。在出事前，小北大约两周都没去学校上课了。

【警察析案】

常年留守的孩子，缺失父母关爱，会陷入恐惧、忧郁、焦虑的情绪中，抗挫折能力很差，甚至会产生轻生的念头。这些心理问题的产生，更容易让孩子沉溺于网络，区分不了现实与网络，一点小事，就会让他们选择极端方式，酿成悲剧。外出务工的家长们，应该多为孩子想想，不要只盯着钱。如果一定要把孩子留给老人照看的话，也要多和孩子通电话，了解他们真正需要什么。关注留守儿童的心理问题，需要家长、学校及各个职能部门的共同努力。

【专家支招】

1. 家长要选择正确的沟通方式。当青春期的孩子困惑苦闷的时候，很多人想到的是自暴自弃。他们觉得自己没有勇气、信心走出这个心理阴影。当他们觉得自己处在一个阴暗的房间，看不到光明的时候，这个时候是极其危险的。作为家长如果看到或听出孩子的苦闷，首先要做的就是接纳，无论什么情况都要接纳。接纳是一种无条件的爱，爱孩子的本身，不是孩子的行为。

（1）倾听：倾听是与孩子沟通的前提，也是了解孩子的前提。当一个人有苦闷的时候最想找个人来诉说，哪怕这个人是个聋子，诉说完后，会觉得心情轻松了很多。当一个人苦闷的时候往往是最想不开的时候，这时候如果有个人能听他诉说出来，哪怕你帮不上忙，只用简单的语言“嗯、哦、是、理解、我知道……”回复，或给他一个可以尽情痛哭的臂膀和拥抱，那么这个人也会放松很多。父母能在孩子苦闷的时候多倾听一下孩子的心声，而不去打断孩子的倾诉，不用成人固有的思想去看待孩子的问题，孩子多半都会非常感激父母，并知道家是他永远安全的港湾。

（2）引导：倾听了孩子的诉说后，家长首先要做到的就是静下心来，站在孩子的角度去分析问题，即使是孩子的过错，我们首先的态度都要接纳下来，告诉孩子问题出现了，我们来一起解决，并传递给孩子无论孩子遇到什么事情，父母都是永远爱他们的，并会帮助孩子一起渡过难关。这样孩子的情绪多半会冷静下来，接着就是引导。

如果家长暂时没有想到帮助孩子解决的办法，就先让孩子吃点东西，喝点奶，睡一觉，并守护在孩子的身边，让孩子更加感到了爱的温暖。随后积极地从孩子的立场出发，想办法为孩子寻找可行的办法和途径。这个时候一定要做的就是给孩子讲讲那些悲惨的人是怎么渡过困境的故事，增加孩子信心，让孩子看到那些不如自己的人都可以渡过难关，让孩子看到光明。

（3）闭嘴：青春期的孩子喜欢用自己的方式思考，喜欢有自己的空间，喜欢一个人遐想。家长过多地唠叨，会让他们感到厌烦，同时更加逆反。为青春期的孩子营造一个良好的家庭氛围，父母多说些关心孩子的话，多与孩子沟通一下学校、同学、社会、娱乐、体育方面的事情，和孩子谈谈自己的工作等等会让孩子更加容易理解父母，愿意和父母沟通，反之家长只盯着孩子的学习，只看到孩子的缺点，只会增加孩子的反感造成亲子关系恶化，导致孩子不愿向父母诉说心里话，以致家长掌握不了孩子的心理。

2. 用敏锐的目光细心观察孩子的状态、行为、语言。了解孩子的性格、知道孩子的所想是父母最应该做到的，但是能用正确的敏锐的目光观察孩子的态度、行为、语言就需要家长的细心了，往往家长都认为自己是最了解孩子的，孩子有些时候的做法让家长失望，或孩子的反复的心理状态会让家长忽视了孩子的这种表现。

孩子是不是几天都心情不好？孩子怎么这一两天像有心事？孩子这几天吃不下饭，孩子最近失眠，孩子几天都是回家晚，孩子面色有些不好，孩子突然变得很沉默，怎么回事？这些都是需要家长细心观察和警惕的。

3. 加强孩子的生命观教育。自杀行为有它的心理基础。对于有轻生念头的孩子，要多带他们观看一些生命可贵或者生命坚强的教育片，加强孩子对生命的爱护，引导青春期的孩子思考生命究竟是什么，一个人应该怎样活着，我们应该拥有怎样的健康而合理的生命观。现在有的孩子只知道生活而不知道生命，以为生活就是生命，以致生活感受不好就放弃生命存在。

看管孩子的老人，要多注意孩子进入青春期后出现的问题和困难，及时疏通孩子的不良情绪，让他们摆脱心理阴影和学习的压力。让孩子明白自杀是懦夫的行为，是不可取的，勇敢的人应该面对现实。

第八章　留守儿童被杀案例与预防

【案例介绍】留守儿童悲剧：奶奶勒死孙女沉尸水塘[①]

2004年6月14日，湖北省某县公安部门侦破一起特殊的杀人案：父母外出打工的12岁留守女孩小双与奶奶发生争执，被奶奶用毛巾活活勒死，并沉尸水塘。这是继浠水县一名13岁留守女孩自杀身亡，随州、京山、大悟等县市多名留守幼女被强奸等悲剧之后，湖北省发生的又一幕以留守儿童为主角的人间惨剧。接连发生的悲剧引起社会对农村留守儿童这一特殊群体生存状态的关注和忧虑。

2004年6月9日傍晚，该县的几个农民发现村小学附近的水塘里浮着一个鼓鼓的蛇皮袋。他们捞起来打开一看，里面竟是一具尸体。经警方查验认定：死者为12岁左右的女孩，属他杀，沉尸多日。幼女被害沉尸，案情非同一般。公安局连夜调集20多名侦查精兵组成专案小组。10日上午，侦查人员查到村民陈某的孙女失踪多日，便将陈某和其妻子王某找来询问。他们说孙女6月3日放学后不知去向，并声称连续几天来都在到处寻找，但未找到。通过衣物指认，确定死者就是他们的孙女小双。小双到底被谁所害？经过多方侦查，嫌疑集中到被害人的爷爷奶奶身上。13日，陈某夫妇被警方依法传讯。14日，夫妇俩交代了勒杀孙女并沉尸的犯罪事实。"六一"儿童节早晨，小双上学时发现红领巾不见了，于是划了根火柴在屋子角落里寻找，不小心把铺地的塑料布烧着了，小双匆匆弄灭火后上学去了。没想到余烬复燃，把房里的东西全烧了。奶奶非常生气，为此几次打骂孙女，发生争吵。2日晚，

① 人民网 http：//acwf. people. com. cn/GB/99061/102368/102381/6256739. html，2007－09－13

奶奶再次责骂追打孙女时遭到顶撞，被激怒的奶奶捡起一条毛巾缠住孙女脖子，一头用牙紧紧咬住，一头用手使劲一拉，将小孙女勒死。见孙女瘫倒在地，慌了神的奶奶连忙到隔壁叫醒为小儿子看家的爷爷，问怎么办，两人商量来商量去，决定沉尸水塘了事。他们把孙女的尸体装进蛇皮袋，丢进离家200多米的水塘。

小双1岁多的时候，父亲就外出打工。两年前妻子也跟随他去了福建。父母走后，小双和弟弟与叔叔的儿子一起都由爷爷奶奶照顾。村小学校长蔡某说，父母双双外出打工后的两年多来，小双的变化很大，经常旷课逃学，还小偷小摸，同学们都不愿跟她玩，她的性格也变得越来越孤僻。老人的知识和精力有限，对孩子只能管个温饱。他们每天从早忙到晚，没有心情也没有时间同孩子进行感情上的交流。孩子的作业老人又不懂，没有办法检查和辅导。小双的父母还告诉记者："我们在家时，孩子害怕父母，会老老实实做作业。我们不在家，两个老人管不了，孩子变得天不怕地不怕。10岁的儿子一天10元零花钱还不够，硬逼爷爷奶奶多给，不给就把头往墙上撞；女儿经常偷家里的钱去县城玩，有时一玩几天不回家过夜，不回校上课。我们一年除学费外还给两个孩子3000多元零用钱。以前给现金，不管藏在家里什么地方，女儿都能翻箱倒柜找出来，偷出去乱花。后来我们只好办了张银行卡交给老人管。"孙女死了，老两口一个涉嫌故意杀人、一个涉嫌包庇被逮捕。

【警察析案】

又一惊天悲剧，本来是应该无限疼爱自己孙女的奶奶竟亲手将其勒死，是奶奶的无情，还是孩子太过顽皮，令奶奶到了无法忍受的地步？谁来关爱这一特殊群体？留守儿童是农村剩余劳动力大量向城市转移所产生的一个特殊群体。对这一群体的管教，学校、家庭、社会三方一个都不能少。

留守儿童身上出现的一些问题，正是由于学校管理不力、家庭监护缺位、社会引导偏差所导致的。该地人口8.3万，人均耕地仅8分。由于人多地少，全县3.3万劳动力中一半以上外出打工。这些人的孩子大多数未成年，留在家里由人代管。隔代监护或代理监护容易出现溺爱放纵、冷漠放任、简单粗暴等问题。一些老人对孙儿过于溺爱放纵，要什么给什么，犯了错也不忍心严加管教，一些代管的亲戚朋友，缺乏责任感，对孩子冷漠、放任；还有一些管教方式简单粗暴，打骂甚至虐待孩子。而10多岁的孩子正处于生理、心理变化较大的阶段，缺乏父母的关爱和督导，极易出现心理和行为偏差。由于该地教师数量不足、水平不高，学校对留守学生的管理也力不从心。村办小学基本上是一个老师包一个班，应付日常教学都紧张，很难有时间家访了解情况。有些教师年龄偏大，素质偏低，对学生进行思想教育的意识不强，能力有限，效果不好。

【专家支招】

面对农村新形势下出现的有关留守儿童人身被伤害，专家建议，一是家庭要注重幼儿教育，从小孩出世到入学前的这个关键时期，父母尤其是母亲不应该离开孩子。靠幼儿园管教还不太现实，目前农村幼儿园多为民办，条件差且数量少。二是党委政府应重视对农村儿童监护人的素质教育，特别是老年监护人，一些部门应探索采取适当形式，对他们进行培训。三是学校要加强对学生的德育教育，要想方设法使学校德育工作落到实处。四是学校、家庭、社会要加强沟通，共同努力，为孩子的健康成长创造一个良好的社会氛围。

第九章 留守儿童被强奸案例与预防

【案例介绍一】 7 岁的留守女童患上性病①

留守女童小敏与爷爷相依为命，一向活泼可爱的小敏近段日子突然变得沉默寡言，不喜欢外出和小伙伴一起玩耍。李大爷起初并没有在意，但“五一”期间，小敏对爷爷说自己下身出现异常，而且十分痛苦，李大爷急忙带着小敏去当地卫生院检查。不料，检查结果却让主治医生和老人吓了一大跳：7 岁的小敏竟然患上了性病。

李大爷马上带小敏回家，耐心开导了很久，小敏才说出了事情的原委：一天下午，同村的叔父发现侄女独自在树下玩耍，心生邪念。以邀请小敏吃糖为借口，将她骗至家中，将其强奸。事后，叔父威胁小敏不许告诉任何人。为防止事情暴露，叔父连夜逃往外地打工。

【专家支招】

在农村，很多父母常年在外务工或经商，把孩子交给老人看管。而这些老人因为忙农活和家务常常会忽略对留守孩子的监护，这就给犯罪分子可乘之机。再加上孩子自身缺乏自我保护能力，犯罪分子的性侵害就很容易得逞。作为监护人，要尽量避免孩子独自外出或独处家中，一旦孩子遭到侵害，家人应及时报案。

很多留守女童遭到性侵害后，基本就没有反抗或向他人求助，以致受侵害次数和时间更长，后果更严重。一些家长因某些原因不报警，也加重了对

---

① 网易新闻 http：//news. 163. com/10/0507/19/663SGS8C000146BD. html，2010 - 05 - 07

孩子的伤害程度。父母和看管孩子的老人要加强对孩子这方面的教育：

1. 加强对留守儿童安全教育、性教育。留守儿童父母常年在外，对孩子的安全教育、性教育是一片空白。这些儿童受到侵害时，可能会从最初的被动 变成 习惯性 ，很多留守女童在屡遭侵害后处于一种无处倾诉、孤立无助的境地。

父母和看管孩子的老人，要教育留守女童，遇到威胁要反抗。让留守女童了解犯罪分子进行性侵害的背景，告诉孩子，遇见这样的背景，要大声喊出来，并在这样的事情发生之后迅速离开现场，往人聚集的地方去。

2. 留守女童外出办事，尽量找朋友陪同。留守女童遭受性侵害，往往发生在留守女童一个人或者周围人少的时候。尽量不要让留守女童独自在人迹稀少的地方逗留，要保证旁边有其他人以便遇到危险时可以及时呼救，因为人多的环境能压制犯罪分子的犯罪心理。

3. 教育留守女童，当遇到可能发生的性侵害威胁时，要及时告诉监护人。监护人要认真留意，如果真的有人对留守女童存在危险企图，就要寻求有关部门帮助。在此期间，家长也要多多留意留守女童的活动，防止危险发生。

4. 如果留守女童不幸遭到性侵害，家长要妥善处理，除了报案惩罚犯罪人，更要关注留守女童的心理创伤。家长的处理态度可以决定儿童所受创伤的影响程度，家长要及时采取措施帮助儿童找回控制感及安全感，进而帮助儿童走出性侵害的阴影。

许多人都明白，对于伤害最好的办法就是面对现实，而非一味逃避，告诉留守儿童性伤害可以复原，最重要的是保存生命。可以通过心理治疗帮助留守儿童恢复自尊、自信，抒解性侵害在未来成长过程中带给儿童的破坏性影响。

【案例介绍二】“留守儿童”遭摧残，13岁女孩做妈妈①

2004年3月，四川省富顺县某镇发生了一件令人震惊的事：一个13岁的女孩，在无人事先知情的情况下生下了一个孩子，尚未成年的女娃娃竟然当上了母亲！记者赶到事件的发生地就此事进行采访时发现，由于父母双双务工在外，作为“留守儿童”的这个13岁女孩的监护权无人顾及，才最终导致了这个悲剧。

2004年3月20日，初一女生小英突然出现剧烈腹痛、呕吐等症状，年过6旬的祖父母立即将孩子送到镇卫生院。医生检查后发现，这个尚没满13周岁的女孩竟然已经怀孕临产，医院迅速为她实施了剖腹手术，取出了一个6斤重的男孩。又惊又气的祖父母立即向派出所报案，并通知了在成都打工的儿子儿媳。小英的父母连夜赶了回来。在医院，记者见到了躺在病床上的小英，在白色床单的映衬下，小英的脸色尽管显得苍白，但仍然看得出她是个很漂亮的女孩子，大约1米4的身高让她显得比同龄的女孩更为成熟，特别是一双水灵灵的眼睛惹人怜爱。据小英的父亲说，他和妻子4年前就到成都打工，两人一般都是过春节时才回家一趟，小英和弟弟一直被放在祖父母家照顾。每次过年回家时，都觉得孩子长高了一大截，父女间往往是还没说上几句话，就又要踏上返程的路。

富顺县公安局刑侦大队接到派出所反映的案情后，立即展开了调查。3月22日，沉默多时的小英终于吐出几个字：“坏人是堂伯。”小英说的堂伯刘某，今年47岁，是小英父亲的堂兄。当天，刑侦大队拘留了刘某。据刘某交代，从2003年3月起，他趁小英无人看护，利用给糖果和钱的方式多次诱奸小英。

① 搜狐新闻 http：//news. sohu. com/2004/05/25/54/news220255443. shtml，2004－05－25

【警察析案】

自有人类社会以来，强奸现象就一直存在，原始社会也概莫能外，可以说是一种最古老的对女性性侵害方式。强奸是对女性性侵害中最野蛮也是伤害最大的。强奸一般都会伴随着暴力或其他伤害行为，除了会给受害女性身体造成伤害外，更为严重的是会造成严重的精神伤害。案件发生后，人们除了对刘某表示极大的愤慨，更多地开始反思这样一个问题：小英为什么没有得到应有的呵护？小英的悲剧到底是谁之错？事实上，类似小英这样的留守孩子在农村中小学生中普遍存在。仅小英所在的镇中学2700名学生中，就有1600名学生的父母常年在外务工，长期由老人或亲戚代为照顾。正是由于孩子缺乏父母的直接监护，这些留守孩子即使受到了伤害，也往往不易被及时发现。但是，一个正在上学的女孩怀孕临产，中间八九个月漫长的时间，学校和家庭为何没有觉察出任何异常呢？后来经过调查发现，这其中最重要的一个原因就是孩子监护权的缺失：亲戚认为有老师管，老师以为有亲戚看，结果两头都没管！

【专家支招】

预防留守女童被强奸的对策：

1. 监护人、学校和专业人员应加强对留守女童进行性心理和性行为方面的教育，了解性犯罪和性被害的严重后果，学会避免造成促使性犯罪产生的不利情境，增强未成年人自我保护的意识和能力。要让她们充分认识到遇到引诱或骚扰时态度必须明确，立场必须坚定，坚决态度的本身就会对加害人造成心理威慑。

2. 在将要遭受侵害时，应采取灵活有效的反抗和自卫的方法。首先要有呼救意识，发现对方有非礼行为，第一反应就是呼救，一方面可争取他人帮助，另一方面可让加害人感到害怕而使原先的性兴奋受到压制。其次采取灵活的应付方法，避免正面搏斗，最好用随身携带的物品或身边的沙石之类的东西进行反击，向有光亮有人声的地方逃跑，树立起保护自己的信心，决不能手脚发软、惊慌失措，更不能半推半就或忍辱屈从。

3. 在已经遭受性侵害的情况下，切忌因极度羞恨、愤怒而感情用事，激怒加害人，使加害升级，这时最主要的是想办法脱离险境，还应记清加害人体貌特征，及时报案。因顾及社会因素而不报案，只会纵容加害人的行为，被害人还会遭受再次的伤害。对于遭受性侵害的未成年人还应及时接受专业人士的心理帮助，让她们及早走出心理阴影，避免心理调适不当而走上害人违法之路。

4. 在加强留守女童性知识教育，提高她们自我保护意识的同时，还应强化她们的整体心理素质的培养。进行情境应变能力、情绪调适能力的训练，认识事物、分析判断事物能力的训练，以及行为习惯的训练。如举止应得体，穿着打扮应适合自己的身份，与异性交往应保持相应的距离。这项任务须家长、学校、社区、政府共同努力来完成。

【案例介绍三】 罪恶的魔爪伸向了幼小的心灵①

河南省某县的一个偏远山区的小学，全部的6名女生，无一幸免于教师张某的魔爪。而这几个孩子，最小的只有5岁，最大的仅8岁。这6名女生，全部是留守儿童，父母常年在外打工，而她们的爷爷奶奶们，只能保证她们吃饱穿暖。

看到女孩媛媛（化名）在检察机关的一份询问笔录上的签名时，北京大学法学院妇女法律研究与服务中心的一名工作人员当场落泪。“写得工工整整，一笔一画，但是一看便知是刚刚学写字不久的孩子的字迹。”

这份询问笔录清楚地叙述了媛媛多次被教师张某猥亵、奸淫的过程，以

① 新浪新闻 http：//news. sina. com. cn/s/2008－08－11/113716097899. shtml，2008－08－11

及在这个过程中，孩子的恐惧和无助。这份笔录中，出现了太多这个年纪的孩子不懂或者不该懂的词语，有的孩子甚至把男性生殖器称为“叶叶”、“鸭鸭”。

孩子做完口供之后，需要在笔录上签字，由于还不认得所有的字，要办案人员念一遍才能确认。孩子年幼，这个过程须有监护人在场。媛媛的父亲，一直劝自己保持克制和冷静，但最后还是哭了，“孩子才 8 岁啊”。

2008 年 1 月 2 日，受害人之一格格（化名）因为伤情严重（处女膜破裂并发炎）到难以行走的地步，母亲问出缘由后报警，张某强奸幼女案终才事发。

“老师，俺不要，俺害怕!” 2008 年 1 月 2 日，格格在梦中哭醒。由于下体疼到行走都艰难的程度，在母亲多次询问下，格格终于向母亲哭诉了老师张某对她的所作所为。震惊愤怒之余，母亲立即报警。

当天，张某被公安局刑事拘留，并于当日进行了讯问。之后，几位小女孩被带去医院检查。

因为事发多日，已经很难采集到实物证据，所以受害方接受了检方的询问，留下了口供。2008 年 1 月 28 日，张某涉嫌强奸多名幼女经检方批准被正式执行逮捕。

孩子们在外打工的父母亲得到消息后陆续返回家乡。他们简直不能相信眼前发生的一切。之后便是深深地自责：自己没有尽到监护之责，太对不起孩子。

2008 年 7 月 3 日，检察院对此案提起公诉。2008 年 7 月 4 日，中级人民法院正式开庭审理。庭上，被告人张某推翻了以前所做的陈述，坚称，他对这些女孩什么都没做过。这让包括法官在内的很多人感到意外。由于缺乏实物证据，法官不得不让受害人出庭指认被告。这些可怜的孩子，不得不当着所有的人再次陈述发生在她们身上的那些可怕的事情。

一个孩子还没开口就已经哇哇大哭。“我看到张老师在瞪我。”在法官的哄劝下，孩子们讲完了她们的经历。所有人都称，在这个过程中受到过老师的威胁：要是告诉别人就要被打。

有的孩子出了庭之后还在哭。北大妇女法律中心带去的心理辅导师等在庭外，对这些孩子进行心理辅导，帮助她们平复情绪。

2008 年 7 月 29 日，中级人民法院进行了此案的刑事附带民事判决。法院认为，被告人张某使用欺骗、威胁手段，多次对多名幼女实施奸淫、猥亵，其行为已构成强奸罪、猥亵儿童罪。最后法院判决被告人张某死刑，缓期二年执行。

【警察析案】

警方了解到，张某是个“有前科”的老师。在这之前，他在另外一所小学任教时，就曾猥亵过一名 13 岁的女生。家长发现之后，校方没有将张某举报到司法机关，反而在校长王某的协调下，张向受害女生家长支付 3 万元了事。后在镇教育办主任黄某的帮助下，张某被调到事发小学。而这所小学更为偏僻，只有包括张某在内的两个老师轮流任教。这其实是给张某提供了机会。

结果，在张某调来短短一年多之后的 2007 年 12 月，全校 6 名女生遭遇到了她们此生最大的一次磨难。而这样的磨难，很可能影响到这些小女孩的一生。

案发后，该小学校长张某没有检讨自己的过失，反而希望家长们息事宁人。他甚至跟孩子说：“你们还小，将来你们长大了，还要生娃娃的。”家长们要求追究这三名公职人员的玩忽职守罪，将这三名公职人员的情况反映到了检察院。

【专家支招】

上述案例是对学龄儿童实施的性骚扰、性猥亵。学龄儿童的生理和心理都极为不成熟，这些儿童在受到身体伤害的同时心灵上也受到重创，从小就会产生性心理障碍，以后长大成人后会对正常的性行为产生恐惧或厌恶感，组成家庭后，容易导致夫妻不和、产生家庭破裂。甚至在她们以后长大成人后非常容易导致她们发生恶逆变，即从受害人转为加害人，由受害一端逆向发展到犯罪一端。

鉴于对留守女童性侵害带来对自身、亲人、社会的一系列不利影响，我们有必要加大社会防治力度。虽然预防工作困难较大，涉及社会的方方面面，但为保护未成年人的根本利益，保障社会健康稳定的发展，真正杜绝此类案件的发生，预防工作可从加害人和被害人两个方面入手。健全学校的监督机制、净化校园环境。应加强对偏远山区、留守地区等重点学校师资的监控，随时掌握与发现侵犯留守儿童犯罪的苗头与行踪。同时要充分发挥公安、文化部门的作用，对受性侵害后的女童开展多形式、多方位的教育与服务，从而减轻其心灵和生理上遭受的创伤。治理性侵害问题一样是一个系统工程，需要全社会各个部门的共同努力。

【案例介绍四】 两名女孩卖处后回母校为邓某物色处女①

两名女孩“卖处”后回到母校，开始为邓某物色处女，从受害者变成帮凶。邓某的罪恶之旅始于2004的秋天。他通过南阳一家美容店的老板认识了初三辍学的15岁少女小桐并发生了性关系，事后邓给了小桐1600元钱。在后来的“买处”交易中，1600元成了一个通价。1600元使15岁的小桐开始成为邓某“买处”行为中的第一枚棋子，而随着小梅、小宝这两枚棋子的引入，更多的少女被拉入这张网。在一年时间里，邓某涉嫌奸淫少女17人，大部分为在校初中生。当小梅和小宝出现在镇一中门前时，公安民警轻易地就认出了她们。“小梅穿一身牛仔装，小宝穿条裙子，染着黄头发。”

民警慨叹小梅和小宝进入社会后的迅速变化：“宣布她们因涉嫌强奸共犯

---

① 新浪新闻 http：//news. sina. com. cn/c/2006－05－24/09079951350. shtml，2006－05－24

而被逮捕时，两个人还嘻嘻哈哈地问，我们是女的，怎么会去强奸?”“买处”圈套加速剥夺了两人身上的淳朴。在老同学小桐的介绍下，小宝和小梅先后与邓某发生了性关系，而她们的酬金大部分被小桐获取。小桐的示范作用让两人茅塞顿开，小梅和小宝也回到母校，开始为邓某物色处女以获利。民警说，三个女孩子从受害者变成害人者，主要是受到金钱的诱惑。事实上，女孩们的酬金往往绝大部分落在了介绍人的手中。小桐家也是这个镇上的，是名留守儿童，初三辍学后她曾到广州、南阳等地打工，后来她在南阳那个美容店里被介绍给了邓某。“买处”案事发后，小桐忽然又外出打工了，失去了踪迹。小宝比小桐大一岁，她的父亲外出打工，由于母亲忙着在街上卖菜，无暇管她，实际上她长期跟着外婆生活。小梅则是一个单身汉的养女。“她们的家庭，实际上缺少对子女的基本管教。”派出所指导员说。三个女孩的介入，顺利编织了邓某通往乡村的“买处”网络。

每到周五下午离校日，她们就来到镇一中外守候，把事先物色到的女孩子领走，通常是搭乘公交车把女孩送到南阳邓某指定的宾馆，有时则电话通知邓开车到农村来，为此，小桐还专门买部手机以方便联络。从南阳驱车到这个镇只需要几十分钟，邓将面包车开到偏僻处，在车内“买处”。小桐还在镇一中附近租了一间民宅，邓有时也在这里满足自己的欲望。同时，受害女孩们事后都受到了一种恐吓。小梅等介绍人会告诉受害者邓是“公安局局长”，如果她们把事情告诉家长，她们的照片就会被贴到街上和校门口，被大家羞辱。在“买处”过程中邓保持了必要的小心，每次事后他都要看着受害者吃下一粒避孕药才放心。在一次忘记之后，他追赶到车站让即将返回村里的女孩服下避孕药。

【警察析案】

这个案例中暴露的可怕之处是受害者变成了害人者，为了追求金钱，1600元就能将自己宝贵的贞操出卖。案发地所属县检察院公诉科的一位负责人告诉记者，邓某在实施性侵害时很少使用暴力，大部分受害者都是自愿的。有人分析邓在选择受害者时显出了自己的聪明，他所侵害的女孩子或者家庭失和，或者父母出外打工无人管护。这使得他的“买处”网络能够在隐蔽的状态下越编越大。警方介绍，在他们走访中，小宝的小姨说小宝想出去就出去了，根本管不住。小宝后来的穿戴出现了变化，家里也没有注意到。镇一中副校长曾经问一个受害者的奶奶，有没有发现孙女那段时间发生了什么变化。奶奶说，孩子的父母常年在外打工，孩子不听话也没办法。“买处”案中的受害者大多生活于父母外出打工的家庭中。由于长期得不到家庭教育，这些孩子对伦理观念所知甚少，加之这个时候青春萌动，很难抵抗邓某的金钱诱惑。办案民警说：“如果她们父母在身边，性侵害也许不会发生。”

面对社会上对于学校管理有漏洞的责难，镇一中副校长无奈地表示，学生出了校门是不是回了家，学校确实无力顾及。据河南省妇联去年的相关调查表明，当前学校和家庭之间还存在安全衔接上的“真空”，尤其是未成年留守女孩容易成为性侵害的主要对象。让学生家长们后怕的是，如果不是因为受害者的父母发现了女儿来历不明的新衣服而报案，不知邓某还要奸淫多少幼女，还要有多少留守女童受害。留守儿童的问题已经引起有关方面的重视，农村留守儿童面临的主要问题被归结为三个方面：父爱母爱缺位，影响了留守儿童的健康成长；家庭教育缺位，造成留守儿童行为、心理出现偏差；监护职责缺位，导致留守儿童隐患重重。

农村留守儿童有一半学习成绩较差。造成这种情况的原因主要是孩子们绝大多数是由奶奶外婆这些隔代亲属抚养，由于祖孙年龄悬殊，无论是认知代沟还是心理代沟都比较明显。老人文盲率超过80%，不可能对孩子进行学习辅导。更让人担忧的是留守儿童的人格培养问题，留守儿童常常会表现为两种倾向：要么内向、孤僻，不合群，不善与人交流；要么脾气暴躁，冲动易怒。不少留守儿童还出现过早与异性朋友亲密交往，以及同性之间结拜姐妹、兄弟，或者异性之间结拜兄妹最终发展成所谓的小恋人的现象。个别留守儿童有打架斗殴、抽烟喝酒、小偷小摸等恶习。

留守儿童是在农村社会转型过程中，由于农村劳动力大规模转移而产生的新问题，这一问题将会长期存在并日益凸显，它虽然不像拖欠农民工工资等热点、焦点问题那么明显、尖锐，但带有普遍性，事关下一代人身心健康，如不加以重视，将会给家庭和社会带来不良影响。在“买处”案中有着四名受害女孩的那个村子的一位村干部愤懑地表示：“家长们出外打工，本来是想给孩子多攒点教育费用，实际上他们打工带回来的钱有60%花在了子女的教育上，孩子上小学一年要花1000元，上初中一年花2000元，上高中一年就要3000元。一旦考上大学，上下来要花几万。可是没想到，坏人抄了父母们的后路，直接把十几岁的孩子给毁了。”

【专家分析】

上面的案例是典型的被迫卖淫型性受害。这种类型性受害的典型特征是违背女性意志被迫从事卖淫活动。新中国成立以后，拐骗妇女卖淫的犯罪活动随着娼妓的消灭也一度销声匿迹，但是自20世纪70年代末以来，拐骗妇女卖淫犯罪又沉渣泛起。虽然今天从事卖淫活动的女性大都是自愿，但被拐卖逼迫卖淫的女性仍然为数不少。因为是被迫堕入火坑，所以这些女性大都会有不同程度的反抗，而反抗所带来的常常是更严重的摧残，如虐待、强奸、酷刑等。

留守少女被害后反而从事性犯罪的原因有如下几点：

1. 互惠内驱力产生。在无婚姻关系的性侵害者与承受者之间，应当是敌对的、排斥的关系。不过有的男性却施以物质或非物质的利益来换取女性承受其性交。当女性被害人试图接受这种不光彩的好处时，就会在心理产生互惠内驱力。互惠内驱力的实质是将非法性行为视为两性间互惠的行为，即我满足了你的性欲求，你给了我若干好处，双方各得所求，皆有实惠到手。从本案来看，这两名女孩因承受性侵害而得到了好处，当犯罪人实施强暴行为时，并不是把被害人当作人来看待，在他眼中被害人只是满足其性欲或欲望的工具。被害人接受犯罪人任何微小的好处都意味着性心理恶变的开始，接受了犯罪人给的实惠，无形之中就是将性侵害理解为互予互惠，女性性心理恶变就是从这种心态出发，而一发不可收拾的。

2. 性商品化意识的形成。自愿、隐秘、专一是人类对性行为所共有的正常心态。而性心理恶变者则相反，她们将自己当作无须另行投资即可出售的商品。在她们眼里，性器官不仅是异性泄欲的工具，而且是自身获利的本钱。无论是以淫来牟利还是以淫来取乐，女性得到的都是物质上的满足或精神上的享乐。一般来讲，女性性犯罪多是用肉体和人格去换取财物或欲望上的满足，这种交换正是性商品化意识的外在表现。

3. 受性侵害后缺乏必要的引导和关怀。在一些山区，较贫困落后的地方，女性的地位还不高，依然受着传统文化中封建势力的影响。这类女性，当遭受性侵害后，不仅得不到家人的同情和关爱，反而招来更多的白眼和非议。女性被害人的委屈、愤怒情绪得不到正确的引导和宣泄，因此她们在万般无奈之下，对生活彻底失望，走向犯罪的道路。

4. 对复仇情绪的放纵。每一个精神正常的人都具有控制自己行为的能力。遭受犯罪侵害，对人的心理无疑是一种恶刺激，被害人产生愤怒、复仇的情绪都是正常的。关键是理智的人应当控制住自己的情感，而不能放纵自己的激情。个别女性受害人只图一时之快，非法复仇，使自己走向了犯罪。其实，一个人自制力的强弱虽与气质、性格有关，但更主要的是由文化修养、法制观念决定的。在自己遭到犯罪侵害后为复仇而转变为犯罪人的，大多是文化偏低、心胸狭窄的法盲。

【专家支招】

留守青少年受到性侵害的现象，应引起高度重视。在强调对这一易被害群体进行保护时，还要着重培养他们的人格尊严和自立意识。受社会大环境的影响，一些青少年虚荣心、贪利心膨胀。高消费的刺激，舒适生活方式的诱惑，不劳而获思想的作怪，以及对性认识的片面和随意，成了某些道德败坏之人的首选侵害对象。某些未成年人由于未受过性知识的教育，在被害时竟浑然不觉，使一些品质恶劣的教师有可乘之机。曾有某学校教师侵犯全班二十余名女生的个案发生。在人们对此深恶痛绝时，应唤起保护意识的觉醒。对青少年的性教育，应像法制教育一样列入议事日程，不能再将此事当作禁区，否则会对未成年人形成更大的伤害。针对青少年思想偏激、缺乏远见等倾向，要教育他们对自己负责，对社会负责，提高对性侵害的防范意识。

目前在青少年权益保护方面，各地均采取了一些措施：首先建立青少年维权岗，对青少年消费知识的培养以保护他们作为消费者的权益，加强对网吧等娱乐场所的管理，对违法者及时查处并公布举报电话，对不法行为在全社会范围内进行监督等。这些做法应尽快推广，并使这项工作更全面、更有效。在青少年维权岗的运作过程中，向青少年灌输法律意识和权利义务观念，监督社会不法行为，也有利于青少年自觉约束和规范自身的行为，提高整体素质，提高自我防范意识和能力，同时对预防青少年犯罪也是一种积极的方式。青少年维权岗的建立也有利于全社会行动起来，对传播不良文化、虐待、遗弃、歧视青少年、剥夺青少年接受义务教育权利等行为可及时发现和制止。多一份自我保护知识，就多一份安全。

其次青少年自我保护教育形式可以灵活多样，如报刊、电视等可以开辟专门的小栏目，向青少年宣传自我保护的知识和技巧；网络也可利用其快捷的特点，及时传递有关信息，加深青少年对预防被害问题的了解；学校还可开展内容丰富、形式多样的模拟自助、自卫等活动，让青少年学会应有的被害应对手段。学校和社区也应充分利用资源优势，聘请有关专业人士定期进行讲座和培训，使青少年掌握防范被害的技能。

另外，随着价值观的多元化，青少年心理问题不容忽视，加强心理引导也是预防被害的重要措施之一。对青少年早期出现的人格变异、心态失衡等，要及时矫治，以免形成后患。在一系列的预防被害教育过程中，使青少年认识社会，远离危险，增强自主意识和自控能力，不仅能起到预防被害的作用，同时有利于青少年顺利实现社会化，形成良好的、健全的人格。

第十章 留守儿童被绑架案例与预防

【案例介绍一】 放学路上，小学生神秘失踪①

2006 年 3 月 6 日下午 5 时 50 分，安徽省某县公安局大山派出所接到县局 110 指挥中心电令称，某村一名 11 岁的三年级小学生小木，中午放学后一直没有回家，下午也没到学校上课，现在下落不明，请速协助查找。接报后，派出所迅速安排民警着便装赶到该村，展开调查工作。民警们兵分两路：一路来到小木所在的小学了解情况；另一路前往失踪人家中及周围群众走访调查。此刻，校方也在发动全校师生四处查找，查遍全村的角角落落，结果一无所获。这时，在外地打工的失踪者的父母，接到电话后，当即启程赶往家中，连夜跑遍查找了所有的亲戚、同事、朋友以及失踪人可能去的地方，最后还是没有任何线索。

焦急的一夜终于过去了。3 月 7 日早晨 7 时左右，一夜未合眼的小木一家人聚在一起商量着准备再次寻找。可是，当失踪人的父亲刚一出门时，抬头突然发现母亲住房门北旁的墙壁上张贴着一张新贴的匿名恐吓信："你的儿子在江苏睢宁县，你要想叫你儿子平安无事，一定在 2006 年 3 月 11 日上午 9 点送 20 万元人民币，到你家西边磨盘底下，必须不能给公安部门说。如果报警的话，你就等着到江苏睢宁县西关桥下收尸吧！20 万元我们拿到手，保证你的儿子天亮之前安全到家且无事。"读完勒索恐吓信，小木的父亲险些昏倒在地上，他愣了半天才回过神来。这时他才意识到，儿子原来被歹徒绑架了。

到哪里去弄这笔巨款呢？这对一个外出打工的农家来说，真是一个天文

① 燕赵人民代表网 http：//www. yzdb. cn/gmyfz/2006 - 10/liushou. htm，2006 - 10

数字。但如果弄不到这20万赎金，儿子的生命难保呀！夫妇俩思考半天，最终果断决定：私下里一边筹钱；一边悄然地向当地公安机关报案。

为确保人质安全，专案组迅速展开秘密调查。公安机关连续几夜艰苦奋战，根据所持线索最终锁定村民叶某有重大作案的嫌疑。

为防止犯罪嫌疑人逃跑，专案组当机立断，迅速采取有效措施，依法传讯叶某，并即刻对其家进行搜查，公安人员在搜查中发现了叶某书写敲诈信所留下笔迹的有力证据，经过核实，笔迹与敲诈信的内容，包括纸张完全一样。另外，叶某从记账本撕下来的纸条，与敲诈信边沿线相吻合。

犯罪嫌疑人叶某来到专案组。开始，他企图抵抗不交代犯罪事实。但经过审讯人员一遍又一遍的法制教育和政策攻心，尤其是在铁证面前，他的心理防线完全崩溃，终于如实地向办案刑警们交代了杀害小木的全部犯罪过程。

原来，早在2000年，被害人小木的叔叔曾从犯罪嫌疑人叶某的手中购买了一辆农用三轮车，尚差200元购车款未付清，后因小木的叔叔车祸身亡，叶某便转而向小木的父亲讨要余下的购车款，由于木家未给此款，从此引起了叶某心中极大不快。还有，2004年前后，叶某曾向被害人的父亲借过钱，但因种种原因，小木的父亲未借一分钱给他，此事加深了叶某对小木父亲的不满，以至耿耿于怀。被害人的父亲在外地长期打工，近年手里有些积蓄，而叶某曾多次要求跟着他外出打工，均被拒绝。暗地里，这更加激起了叶某的仇恨心理。

2006年3月6日上午11时40分，叶成文将放学回家在途中玩耍的小木哄骗上自己的三轮车。先将其嘴用事先准备好的棉花给堵上，然后再用绳索绑起来。后来叶某感到害怕出事，他一时恼怒又将小木活活掐死之后把尸体放在三轮车后斗里，上面用木片伪装盖上。

为了转移警方视线，狡猾的叶某使用左手故意写了一份歪歪扭扭的恐吓信，天亮之前，叶将写好的恐吓信用胶水张贴到小木的奶奶住房旁的墙壁上。随后，叶又将尸体抛到相隔不远的一户村民家中的猪圈里，企图嫁祸于人，逃避法律制裁。

【警察析案】

本案被害人的失踪，家长感到十分意外并万分震惊，从本案来看，被害预防不仅仅限于某些安全措施，而且更要重视树立被害防范意识，只有树立被害防范意识，才能在各种各样的环境中争取到保护自己的机会和预防被害的情况发生，因为被害的环境和条件是复杂多样的，我们不可能为每一种被害的环境和条件都采取防护措施，因此，只有树立自觉的被害防范意识，才能在复杂多样的环境中防范被害。本案告诉我们，学生在校园里不要轻信他人的任何言语，随陌生人或者父母的同事、朋友、邻居以及远房亲戚离校外出，确实必要外出应请教师征得家长或监护人同意后办理离校登记手续。这种防范措施应当列入学生安全管理制度，并在安全课程教学中作为基本教学内容对学生进行教育，家庭也应经常对小孩进行必要的安全知识教育。

本案作案人为被害人的熟人。近几年来，亲戚、邻居、雇员、同事绑架他人未成年子女的案件屡有发生，在绑架被害防范的工作中是一个值得特别关注的动向。近亲属以及熟人作案都很了解被害人家境情况并同被害人相识，使得这种被害的发生在客观上有着有利的条件，易于实施却难以侦破。这类的被害防范十分困难，但是既然是犯罪行为，必定有犯罪痕迹和异常的行为、现象，这些异常行为和现象有些表现在案发之前，有些表现在案发之后。如亲友中某人经商失败、负债累累；某人吸毒又无稳定可靠的赌资来源，常有向人借钱吸毒的行为；某人赌博成瘾、负债在逃等异常行为都是值得事前防范关注的对象，应当时时告诫子女保持警惕，以防上当被害。

【案例反思】

透过这起震惊一方、在当地引起强烈反响的恶性绑架杀人案，它带给我们许多沉重反思。首先，过去只在全国各大城市发生的恶性凶杀案件，现在急剧向偏僻的农村蔓延渗透。仅以该案发生地为例，据调查，短短四五年间，

竟发生过六七起恶性凶杀案。而在2004年几个月时间里，就连续发生了三起特大、重大杀人案，尤其是2004年5月25日此地发生的一家三口被杀的特大灭门惨案，引起了当地群众极大的恐慌。

这些事实足以表明，农村社会治安形势已十分严峻，在今常重视“三农”的今天，不能只顾发展农村经济工作，而忽视农村治安。否则，没有一个安定安全的社会环境，何能谈得上党中央提出的“构建和谐社会，建设社会主义新农村”呢？

其次，关于“留守儿童”的安全教育问题。近年来，农村中的“打工潮”一浪热过一浪，家中只剩下儿童、妇女、老人。一些打工者的子女上学问题，无疑落到了老年人身上。由于老年人智力、生理、心理等机能较弱，防范意识差，所以让一些不法之徒钻了空子。本案中的犯罪嫌疑人叶某就是如此。他趁受害人的父母亲外出打工之际，对其下了毒手。据笔者调查，农村此类案件逐年增多，有关部门应引起足够重视，采取措施，解决农民工的后顾之忧。

第三，农村“普法”工作必须持久深入地进行下去。近年来，由于种种原因，农村“普法”工作已出现松懈、断档的局面，早先成立的“普法”机构也都名存实亡，“普法宣传队”早已解散。所以，现在农村中又出现了一批新的法盲。这些“法盲”给农村社会治安留下严重隐患，一些地方屡屡出现的刑事案件也就不足为奇了。因此重新整合打造农村“普法”队伍，使之既扎扎实实，又卓有成效地开展下去，成为营造稳定、安全、和谐的农村的基础。

【案例介绍二】小哥俩放学途中遭绑架[①]

11月24日中午11时，某县金星镇小学高校长大汗淋漓地跑到镇派出所

① 人民网 http://legal.people.com.cn/GB/188502/16433472.html，2011-11-29

报案说："我的两个学生丢了，一天一夜都没回家。"派出所所长凭着多年工作经验，敏锐地感觉到两名小学生有可能被绑架了。

失踪少年张军（化名）的爷爷张大爷向警方介绍，24日早上，他突然接到正在宁波打工的儿子电话，称接到一名陌生男子的威胁信息："你的两个儿子在我们手上，若向警方报案，孩子则没命，立即筹备40万现金赎人，否则撕票。"直到这时张大爷才醒悟过来，原来两个孙子已经快一天没回家了。紧张之余，张大爷立刻赶到学校，找到班主任打探孙子的下落，但被告知两个孙子并不在学校。张大爷一再交代班主任保守秘密，不要告诉他人，但班主任最后还是告诉了校长，校长随后便报了警。经过走访核实，警方初步认定两名孩子已经被绑匪控制，但孩子到底被隐藏在哪？绑匪如何与家长接头交易？警方一时无从下手。

26日，警方侦查发现，两名绑匪仍在附近活动。当晚11时，警方出动30多名民警前往绑匪住处进行抓捕。在一间旅馆内，正在熟睡的犯罪嫌疑人黄某某被抓获，而在1公里外的道路上，警方将藏匿在一辆轿车内的犯罪嫌疑人陈某某抓获。

据犯罪嫌疑人陈某某交代，23日下午4时20分许，他和黄某某开一辆轿车来到了金星镇，他俩了解到农村许多孩子父母出外打工，让老人在家带孩子，肯定会比较好拐骗，准备伺机寻找目标绑架一两位留守的儿童。经观察，最后将目标锁定在张军小哥俩身上，随后从孩子口中得知家人的电话号码，并通过手机短信向孩子父亲实施勒索。

【警察析案】

鉴于农村留守儿童被绑架案件的特殊性与预防之紧迫性，公安机关呼吁，首先在农村中小学尤其在寄宿制学校中，以"警校共建"为平台，配合学校对留守儿童的教育、生活和安全责任实行全方位管理。"警校共建"的主要功能不应仅局限于法制讲座、法律教育和维护校园周边安全。更重要的是注重教给留守儿童防范违法犯罪侵害的手段和方法，培养其安全意识。对有不良行为及遭受犯罪侵害的留守儿童，公安机关应和学校一起定期与其进行交流、谈心，同时做好解释和劝导工作，避免周围同学的歧视和误解，为其创造一个良好、宽松的学习、生活环境。

其次，公安机关与社区配合，积极推行留守儿童家长学校和家访制度。家长学校重点针对留守儿童委托监护人、临时监护人的情况，定期对他们进行育儿知识的集中培训，学习教育管理孩子的方式方法，沟通了解孩子的生活学习情况，交流管教孩子的方法，教授防范违法犯罪侵害的方法，提高监护人保护被监护留守儿童人身安全的意识。基层派出所和管区民警还可通过定期家访的形式，特别是充分利用外出打工父母回家的时间及时与他们沟通，让父母能够全面掌握孩子的情况。保持与学校、留守儿童家长、监护人的密切联系，特别是在出现留守儿童遭受犯罪侵害时能第一时间与家长、监护人及所在学校沟通，了解其思想动态，给予其安慰和帮助。此外，还可协同学校和社区组织各类集体活动和心理游戏，鼓励留守儿童被害人积极参加，这样可以转移留守儿童被害人的心理压力，慰藉其心灵，开阔其心胸，减少被害心理危机产生的可能。

【专家支招】

应该教会孩子怎么做：

1. 告诉孩子在上学和放学的时候和其他同学结伴而行，不要单独行动，这样孩子们可以相互照看。不要走偏僻的小道，要走开阔的大路，犯罪分子一般不会选择路人较多的宽阔大路拦截，那里行人和来往车辆较多，容易被人发现。

2. 告诉孩子路上不要和陌生人说话，不要接受任何陌生人给的东西，不要吃陌生人给的食物，不要被食物或玩具等吸引，以免被骗走。儿童绑架案一般是孩子熟悉的人干的。要告诉孩子即便是熟悉的朋友或大人，也不要轻易跟着走。一定要明确告诉自己的孩子应该和谁走，不应该和谁走。

3. 时刻留意自己的孩子，在外不要结交不良朋友，不要去不良场所，以免被犯罪分子盯上。

4. 告诉孩子，如果单独外出，一定要给家人留下联系方法并确定回家的时间，比如去同学家要留下同学家的联系电话和地址，以便联系寻找。如果放学后临时有事，一定要先打电话或以其他方式通知家长。

5. 要让孩子牢记自己和家长的姓名、家庭住址、家长工作单位以及家里人、老师或报警的电话，教会他们怎样打电话。如果有事情发生，要保持冷静，不要冲动，主动联络警察或家里人寻求帮助。

家长们应该注意什么：

1. 注意孩子平时的言谈，了解孩子周围人的品行，与孩子间要有良好的沟通。多留意孩子的朋友，有没有品行不良的人。

2. 平时要给孩子讲已经发生的绑架劫持案件，教他们预防和处理的方法。同时培养孩子的观察力和处事能力，有条件的时候可以做一些模拟训练。同时，家长们也不用过分紧张，不必用这样的事件来吓唬孩子。过分紧张会让孩子生活在忧虑之中，影响孩子正常的学习和生活。

3. 与孩子所在学校的老师约定好，除了家长和家长所指定的人外，不让其他人接送孩子。

4. 与孩子一道出门购物和游玩时，先要告诉他们失散了怎么办，教他们去找店员或警察叔叔。

5. 如果孩子被绑架，应该及时报警。绑架属于重大刑事犯罪，受害人一旦报案，马上会得到警方的大力援救。

【案例介绍三】杰杰放学途中遭绑架[①]

2007 年 1 月 10 日下午 4 时 20 分，某镇 9 岁的小学生小泽（文中小孩名

① 腾讯新闻 http：//news. qq. com/a/20070118/001073. htm，2007 - 01 - 18

字均系化名）等三人遭到陌生人的拦截，所幸被同行的两名伙伴死死地抱住才得以逃脱，此前的 8 日下午 1 时，另一镇的 5 岁的杰杰被一名男子强行绑走，8 天杳无音讯。

1 月 8 日，正是赶集的日子，中午 12 时 30 分，学前班的 5 岁男童杰杰和同村两名小伙伴小花、小磊放学一同回家。半个小时过去了，在家门口等杰杰的奶奶没有看到孙子的身影，只等来了两个满脸泪水的小孩，5 岁的小磊哭着说："杰杰被人抱走了。"

听到消息后，杰杰的爷爷、奶奶发疯似的开始找，学校、山上、池塘边……问遍了村里的老老少少，除了小花、小磊看到一名陌生男子抱走自己的孙子之外，没有任何其他的线索，两位老人瘫倒在地。杰杰在广东的父母也立即赶回家里，并告诉了杰杰所在学校，学校立即组织了老师和附近村民开始寻找，然而，杰杰仍然下落不明。

杰杰被抱走的地方，就在离学校约 100 米的小路上，一路上有不少竹子和草丛，比较偏僻。据小花和小磊回忆，当时抱走杰杰的男子就站在草丛旁边。而就在杰杰失踪的前一天晚上，母亲还跟他通过电话，答应孩子半个月后回来，令她万万没有想到的是，孩子竟在回家路上出了事。

杰杰被人绑走的消息迅速在当地传开，阴云笼罩着这个地方。1 月 10 日下午，距离此地仅 5 公里的某镇小学，读小学四年级的小泽也差点被人抱上一辆白色摩托车，幸运的是，他身旁的两个小伙伴救了他。

虽然离事发已整整过去了一个星期，但记者明显感觉到这个年仅 9 岁的小男孩，神情中依然充满了恐慌。他向警察讲述了当时的情况：事发当天下午 4 点多，由于作业没有写完，小泽与小禹、小峰在其他同学离开学校半小时后才结伴回家。在他们三个人当中，小泽年纪最小，个头最矮。回家路上都是成片的树林，道路狭窄，人迹较少。正当他们三人有说有笑时，突然，一辆摩托车从他们后面疾速驶来，停在了他们身边。当他们还没明白是怎么回事时，从摩托车上伸过来了一只手，牢牢抓住小泽，准备强行将他拖上车。

就在陌生男子抓住小泽肩膀的时候，9岁的小禹抱住了小泽的脚，接着9岁的小峰死死地抱住了小禹的腰。

就这样，三个小朋友抱在一起，也许没有料到小泽三人的反抗如此强烈，摩托车上的陌生男子在狠狠扇了小禹和小峰几个耳光后，便飞快地逃离了现场。虽然事发已有几天，但小泽称他们仍记得陌生男子的模样。

"找到了，孩子找回来了。"1月17日凌晨5时许，杰杰父亲接到警方电话，称在村里一户人家的二楼找回了孩子。据事后调查得知，这户人家是犯罪嫌疑人的邻居。据犯罪嫌疑人交代，他看到邻居一家人都出门不在家，于是将绑来的杰杰放在了邻居家的二楼。1月16日晚上8时许，警方得到可靠消息称孩子就在村里，警方第一时间出动，找到了被绑架了8天的杰杰。当晚大雨滂沱，得知孩子被找到的杰杰的家人冲到雨里，往杰杰被关房屋跑去。被绑的杰杰此时脸色苍白，嘴唇有些干裂，双腿红肿，没有穿鞋子，所有人哭喊着跑过去，把失而复得的孩子围在中间，相拥而泣。

1月17日，下午6时许，犯罪嫌疑人自首，被带往县公安局刑侦大队。犯罪嫌疑人是该镇一中学食堂的厨师，17日下午该男子在亲友们的陪伴下自首，承认了自己绑走杰杰的事实。据犯罪嫌疑人交代，他因为没钱所以针对父母在外地打工的小孩进行绑架。

【专家支招】

怎样面对绑架：

1. 告诉孩子，一旦被绑架，就要凡事顺从，采取低姿态，以降低绑匪戒心。应与绑匪保持"合作"关系，应用一切可能的方式延长自己生存的时限，避免在警方解救之前被杀害或致伤残。

2. 可适当告知绑匪自己的姓名、电话、地址等，但对于经济状况不要如实作答。主动与绑匪沟通，根据其反应说些绑匪接受的话，争取存活的机会与空间。如对方持有利器，先设法安抚攀谈，让他放下凶器。若无充分的把握，不要以语言或动作刺激绑匪，否则可能会引来不测。

3. 尽量进食与活动，维持良好的体能状况。如果周围有人，可趁机呼救引人注意，伺机逃脱。呼救的时候要注意，不能只喊救命，这样提供的信息太少，应对着一个固定的对象喊，如：“叔叔，救救我，有人想绑架我。”这样能激发起被求救者的责任感。

4. 可以观察绑匪的逃跑路线，记住一些标志性建筑。如果眼睛被蒙上，可用耳朵听，用身体感受车子的行进方向。伺机留下求救信号，如手势、私人物品、字条等。

5. 父母和看管孩子的老人，要告诉孩子，这个社会是多面的、复杂的，要让孩子学会勇敢地面对这些现实。而不要因为宠爱孩子，就不忍心告诉孩子这个社会上也有坏人。否则，坏人就会得逞了。

附录 遭遇不可抗力的自然灾害时，留守儿童怎么办

父母常年在外务工，而农村又大多是洪水、地震、泥石流、森林火灾等自然灾害经常侵袭的地方。孩子在面对这些自然灾害时，就会因为缺乏相关知识而显得惊慌失措，一旦得不到及时救助，就会受到很严重的伤害，甚至有生命危险。下面介绍一些相关知识，让孩子学会保护自己。

一、发生地震应该怎么办

1. 如果在平房里，突然发生地震，要迅速钻到床下、桌下，同时用被褥、枕头、脸盆等物护住头部，等地震间隙再尽快离开住房，转移到安全的地方。地震时如果房屋倒塌，应待在床下或桌下千万不要移动，要等到地震停止再逃出室外或等待救援。

2. 如果住在楼房中，发生了地震，不要试图跑出楼外，因为时间来不及。最安全、最有效的办法是：及时躲到两个承重墙之间最小的房间，如厕所、厨房等。也可以躲在桌、柜等家具下面以及房间内侧的墙角，并且注意保护好头部。千万不要去阳台和窗下躲避。

3. 如果正在上课时发生了地震，不要惊慌失措，更不能在教室内乱跑或争抢外出。在学校中，地震时最需要的是学校领导和教师的冷静与果断。有中长期地震预报的地区，平时要结合教学活动，向学生们讲述地震和防、避震知识。震前要安排好学生转移、撤离的路线和场地；震后沉着地指挥学生有秩序地撤离。在比较坚固、安全的房屋里，可以躲避在课桌下、讲台旁，教学楼内的学生可以到开间小、有管道支撑的房间里，决不可让学生们乱跑或跳楼。

4. 如果已经离开房间，千万不要地震一停就立即回屋取东西。因为第一次地震后，接着会发生余震，余震对人的威胁会更大。

5. 如果在外边时发生了地震，千万不要靠近楼房、烟囱、电线杆等任何可能倒塌的高大建筑物或树木 要离开桥梁、立交公路，到空旷的田野较为安全。

6. 如果地震后被埋在建筑物中，应先设法清除压在腹部以上的物体；用毛巾、衣服捂住口鼻，防止吸入烟尘窒息；地震刚结束时，先不要急于呼喊，要充分节约体力。救援人员最快也要地震后数小时才能到达。急于呼喊会浪费掉宝贵的精力。要注意保存体力，设法找到食品和水，创造生存条件，等待救援。

地震虽然是造成人口伤亡的天灾，但也不是不可预防的。如果能把握时机、运用防震知识就可以保护自己，如地震发生前观察到鸟、动物的异常躁动；地震发生时蹲在桌子下面都可以减轻地震带来的伤害。可见，学习地震知识非常重要。

二、台风来了应该怎么办

1. 台风来临前，应准备好手电筒、收音机、食物、饮用水及常用药品等，以备急需。

2. 关好门窗，检查门窗是否坚固；取下悬挂的东西；检查电路、炉火、煤气等设施是否安全。

3. 住在低洼地区和危房中的人员要及时转移到安全处所。

4. 及时清理排水管道，保持排水畅通。

5. 遇到危险时，请拨打当地政府的防灾电话求救。

6. 不要在危旧住房、厂房、工棚、临时建筑、在建工程、市政公用设施（如路灯等）、吊机、施工电梯、脚手架、电线杆、树木、广告牌、铁塔等地方躲风避雨。

7. 台风来临时，千万不要在河、湖、海的路堤或桥上行走，不要在强风影响区域开车。

8. 台风带来的暴雨容易引发洪水、山体滑坡、泥石流等灾害，大家心里要有这根弦，发现危险征兆应及早转移。

还应注意以下几点提示：

提示一，千万别下海游泳。据市气象台消息，受台风影响，最大风力可达8~10级，海滩助潮涌，大浪极其凶猛，在海滩游泳是十分危险的，所以千万不要下海。

提示二，受伤后不要盲目自救，请拨打120。台风中外伤、骨折、触电等急救事故最多。外伤主要是头部外伤，被刮倒的树木、电线杆或高空坠落物，如花盆、瓦片等击伤。电击伤主要是被刮倒的电线击中，或踩到掩在树木下的电线。不要赤脚，穿雨靴最好，防雨的同时起到绝缘作用，预防触电。走路时观察仔细再走，以免踩到电线。通过小巷时，也要留心，因为围墙、电线杆倒塌的事故很容易发生。高大建筑物下注意躲避高空坠物。发生急救事故，先打120，不要擅自搬动伤员或自己找车急救。搬动不当，对骨折患者会造成神经损伤，严重时会发生瘫痪。

提示三，请尽可能远离建筑工地。经过建筑工地时最好稍微保持点距离，因为有的工地围墙经过雨水渗透，可能会松动；还有一些围栏，也可能倒塌；一些散落在高楼上没有及时收集的材料，譬如钢管、榔头等，说不定会被风吹下；而有塔吊的地方，更要注意安全，因为如果风大，塔吊臂有可能会折断。还有些地方正在进行建筑立面整治，在经过脚手架时，最好绕行，不要往下面走。

提示四，为了自己和他人安全请检查家中门窗阳台。台风来临前应将阳台、窗外的花盆等物品移入室内，切勿随意外出，家长尤其要关照好自己的孩子。居民住户应把门窗捆紧拴牢，特别应对铝合金门窗采取防护，确保安全。市民出行时请注意远离迎风门窗，不要在大树下躲雨或停留。

三、发生泥石流应该怎么办

下大雨时一定要注意身边的异常情况。

首先要随时注意当地气象部门在电台、电视台上发布的暴雨消息，利用电话、广播等设施收听当地有关部门发布的灾害消息。当天降大雨或大暴雨时，一定要有人值班，一有情况及时叫醒睡觉的人。时刻注意听屋外任何异常的声音，如树木被冲倒、石头碰撞的声音。离沟道较近的居民要注意观察沟水流动的情况，如沟水突然断流或突然变得十分混浊。

当有上述异常情况出现，可能意味着泥石流将要发生或已经发生。

如果有关部门已发出山洪泥石流的预报或警报，或上述异常情况越来越明显，应立即组织人员按既定的疏散路线，迅速离开危险区，到安全点避难。

当泥石流已发生，必须遵循泥石流运动的特点，迅速采取自救措施。发生泥石流时，要往山体上跑。处于泥石流沟道中或堆积扇上时，切记不要向上游或下游跑，应迅速爬上沟道两侧的山体，爬得越高越好，跑得越快越好，因为泥石流流动的速度比人跑动的速度快。同时注意不要爬到泥石流可能直接冲击的山坡上。在居民点，迅速离开泥石流沟两侧和低洼地带，按预定路线，撤离到安全地点。不要留恋财物，时间就是生命。当遇到崩塌时，要选择正确的撤离路线，不要进入危险区，可躲避在结实的障碍物下，或者蹲在地坎、地沟里，还要注意保护好头部，不要顺着滚石方向往山下跑。发生泥石流后要立即报告灾情。当地有关部门应立即按防灾预案，封闭泥石流沟下游的道路，切断电源和气源，防止次生灾害发生。各级干部要组织人员监测评估泥石流灾情，立即向上级部门报告灾情，着手组织救灾工作。

为了避免滑坡、泥石流对生产生活的影响，农村居民在建房选址时要注意，不要在滑坡体及滑坡体两侧、前缘等地带建房，也不要在已出现地裂缝的潜在地面塌陷区建房。

四、发生山洪应该怎么办

一个地区短期内连降暴雨，河水会猛烈上涨，漫过堤坝，淹没农田、村庄，冲毁道路、桥梁、房屋，这就是洪水灾害。尤其是在山区，剧烈的强降水会导致山洪暴发、泥石流等次生灾害。

如果遇到山洪暴发，如何自救呢?

1. 突然遭遇山洪袭击时，要沉着冷静，千万不要慌张，并以最快的速度撤离。应按照预定路线，有组织地向山坡、高地等处转移，千万不要顺山坡往下或沿山谷出口往下游跑；在措手不及，已经受到洪水包围的情况下，要尽可能利用船只、木排、门板、木床等，做水上转移。

2. 洪水来得太快，已经来不及转移时，要立即爬上屋顶、楼房高屋、大树、高墙，做暂时避险，等待援救。不要单身游水转移，以防止被山洪冲走。

3. 在山区，如果连降大雨，容易暴发山洪。遇到这种情况，应该注意避免渡河，以防止被山洪冲走，还要注意防止山体滑坡、滚石、泥石流的伤害。

4. 如措手不及，被洪水围困于低洼处的溪岸、土坎或木结构的住房里，情况危急时，有通信条件的，可利用通信工具向当地政府和防汛部门报告洪水态势和受困情况，寻求救援；无通信条件的，可制造烟火或来回挥动颜色鲜艳的衣物或集体同声呼救。同时要尽可能利用船只、木排、门板、木床等漂流物，做水上转移。

5. 发现高压线铁塔倾倒、电线低垂或断折，要远离避险，不可触摸或接近，防止触电。

6. 洪水过后，要服用预防流行病的药物，做好卫生防疫工作，注意饮用水卫生、食品卫生，避免发生传染病。

第二编　留守儿童教育问题

第一章　隔代教育的弊端

【案例介绍一】 孩子刚满百天便由爷爷奶奶监护①

小莹莹今年8岁，在江西省某镇一所小学一年级就读，她还有一个弟弟叫小军，在幼儿园念小班。父母在小莹莹出生100天的时候，就将她留给了爷爷奶奶，外出闯荡了。弟弟小军在出生后10个月，也留给爷爷奶奶照顾。

爷爷曾做过几年村副主任，简单的加减法还是会做的，但是碰到拼音就无能为力了。奶奶只有小学水平，根本无法辅导两个孩子的学习，因此老两口只管照顾两个孩子的生活，至于作业，只能督促一下，做的对不对、好不好就不得而知了，碰到问题也无法给予解答。

小莹莹这样的孩子在农村还有很多，受隔代抚育的留守儿童在学习上难以受到帮助，学习情况不容乐观。

有些留守儿童得不到爷爷奶奶的有效帮助，有很多事闷在心里。在少数特殊家庭中，留守儿童在上学之余，需要参与喂猪、下地等劳动，甚至还要担当起照顾祖辈的责任，小小的年纪便早早体验了责任与生活的压力。

【案例介绍二】 家里的“混世魔王”②

聪聪的父母都是经商的，由于生意繁忙，聪聪从小就由奶奶照顾。谁知奶奶年纪大了，心态也就变了。觉得自己年轻时候带孩子，太严格了，聪聪这么小父母就不在身边，不由得想在孙子身上好好弥补一下，故对孩子的物

---

① 李少聪．农村留守儿童心理及行为问题疏导［M］．西安．第四军医大学出版社．2011. 20.
② 李少聪．农村留守儿童心理及行为问题疏导［M］．西安．第四军医大学出版社．2011. 22.

质要求是百依百顺，要星星不给月亮，生活上则是包办代替。聪聪从小就骄横霸道、为所欲为，奶奶昵称他是“混世魔王”。

他从小就没有好朋友，因为他常常是“只许州官放火，不许百姓点灯”，欺负别人行，对方还手却不行，“我告诉我奶奶去”是他的口头禅。奶奶责不分青红皂白的找上门去，指责对方家长，不让聪聪吃一点亏，弄得小朋友的家长都不让孩子和聪聪玩。

【专家分析】

农村留守儿童是农村社会转型时期和农村大规模劳动力到城市就业后出现的一个特殊的社会群体，他们或者父母双方都在城市打工，或者父亲或者母亲单方在外面打工，这些孩子或者与他们的爷爷奶奶、姥姥姥爷住在一起，或者与亲戚、朋友、邻居生活在一起，也有很大一部分孩子自己独立生活，截至2011年，全国妇联统计的结果显示，我国农村留守儿童已经达到5800万人，这个群体的数量正在随着我国经济社会发展和对劳动力需求的不断增大而日益增加。家长由于无暇照管自己的孩子，于是把孩子托给祖父母或外祖父母照管，由此产生了隔代教育问题。特殊的学习和生活环境，如果稍有偏差，都会给农村留守儿童的学习、生活及心理发展造成了一些不利的影响。

隔代教育导致家庭教育环境的缺失。一方面，农村贫困家庭不能为儿童的教育提供良好的学习条件；另一方面，由于留守儿童的监护人大都是爷爷奶奶或外公外婆，这些长辈普遍年龄大，身体差，特别是文盲比例较高，不但在学习上无法给留守儿童切实有效的帮助和辅导，而且由于年龄一般相隔近50岁，与留守儿童思想观念差异极大，存在明显的沟通障碍，教育管理上弊端较多。加之他们还要承担家务劳动和田间农活，根本没有时间和精力去关注孩子的学习，其结果是留守儿童学习成绩较差，辍学、失学屡见不鲜。这样的家庭缺少文化氛围，从而造成留守儿童的受教育环境较差。另外，父母的长期打工生涯给孩子们造成了一种读不读书都一样的思想，如有的父母认为孩子上不了学不要紧，今后跟爸妈一起外出打工挣钱，这种思想潜移默化，极易助长一些成绩不好的学生产生读书无用论的思想。

隔代教育一般在留守儿童身上或多或少地造成这样那样的不良习惯。这些不良习惯具有以下四个方面特征：

1. 农村留守儿童学业成绩方面的问题

由于家庭教育基本缺失，农村留守儿童的学业成绩方面的问题主要表现在以下方面：一是在学校中农村留守儿童的学习情况很少有人问津。爷爷奶奶的年龄过大、观念陈旧、行动不便；有的还有繁重的农活及家务，因此抚养人或监护人很少对留守儿童在学校中的学习情况加以关注和了解。二是当农村留守儿童放学回家后，抚养人或监护人很少对其学习给以监督与辅导。隔代教育的老人，由于文化知识较少，很难对留守儿童在作业中遇到的困难给以正确的解释和有效的帮助。三是由于父母亲不在身边，农村留守儿童基本失去了教育最佳时机。当留守儿童在学业上取得成功或遇到失败时，父母亲很少有机会采取最直接、最有效的方法给予他们鼓励、奖赏或正确引导。

2. 农村留守儿童心理素质方面的问题

心理素质是一个由心理能力素质、智力素质、心理动力素质及人格因素和身心潜能素质几个方面交互作用的、动态同构的自组织系统。正是在父母外出务工、经商，家庭教育基本缺失的情况下，农村留守儿童心理素质发展方面存在一些比较突出的问题。主要表现为：（1）在家庭结构不完整的条件下，农村留守儿童得不到基本的心理满足。由于农村留守儿童常年与父母相隔，在感情上与父母产生了真空；另则抚养人或监护人也常常无暇顾及他们的情绪情感变化，使他们缺失了最起码的心理交流机会。这种情绪情感障碍的长期积累，容易使他们形成自卑、沉默、悲观、孤僻，或表现出任性、暴躁、极端等缺陷性格。（2）在缺少父母关爱和正常家庭氛围的环境下，农村留守儿童普遍缺乏安全感，人际交往能力也较差。父母与子女之间的关系相对疏远，影响到孩子的行为、心理健康、人格与智力发展。

3. 农村留守儿童道德品质方面的问题

道德品质是一定道德原则和规范在个人身上的体现，是在一贯的道德行为中表现出来的稳定的特征和倾向。农村留守儿童由于家庭教育的基本缺失，使他们在道德品质方面出现了一些比较严重的问题，主要表现为：(1) 隔代抚养人或监护人对留守儿童普遍采取溺爱型的家庭教养方式，从而导致他们道德情感的缺失，使他们只知单向地接受爱，而不去施爱，对家长、朋友、邻居、社会冷漠少情，缺乏社会责任感。(2) 由于抚养人或监护人年龄较大、精力有限，无暇重视留守儿童良好道德行为习惯的培养，而是放任自流。在对留守儿童进行思想道德教育的过程中，抚养人或监护人毕竟不如孩子的亲生父母更为直接和严格，留守儿童离校后的监管几乎空白。(3) 在亲子教育缺失的情况下，留守儿童缺乏必要的自觉性和自律性，道德意志薄弱，有的吸烟酗酒、赌博、迷恋网络游戏，甚至走上违法犯罪道路。

4. 农村留守儿童身体素质方面的问题

对于农村留守儿童来说，由于他们长期得不到父母亲在身边的照顾，从而使他们较之于非留守儿童在身体发育方面存在着一些主要问题，其表现为：(1) 隔代抚养人或监护人在解决留守儿童的温饱问题时，常常忽略其合理的生活饮食结构。一般情况下，抚养人或监护人往往给予留守儿童的是一种固定不变的饮食结构，因此使得留守儿童的营养状况失衡；从身高体重方面来看，常表现为瘦长型或粗短型。(2) 在家庭教育基本缺失的情况下，农村留守儿童的青春期教育问题表现得尤为严峻。由于父母不在身边，抚养人或监护人出于一些传统伦理纲常的束缚，很少给留守儿童进行青春期的教育。当留守儿童青春期到来，面临生理剧烈变化的问题时，常常陷入尴尬或迷惑的境地。

【专家支招】

针对农村留守儿童“隔代教育”问题的建议与对策。

1. 创设良好的家庭环境，缓解孩子的“情感饥饿”。良好的家庭环境对孩子的成长至关重要，允许的话，外出务工的父母应尽可能把孩子带在身边，让其就读于务工所在城市的学校；如果条件不允许的话，父母应该谨慎选择代养人，在外出期间注意及时和孩子沟通，积极地引导孩子树立正确的价值观、人生观。

2. 加强农村寄宿制和家长制学校建设。政府应加大对农村教育的投入，加快建设针对农村留守儿童寄宿制和家长制学校的建设。学校可以利用寄宿制、家长制管理、跟踪辅导等措施加强对留守儿童的管理和督导，并为留守儿童建立心理档案和个人成长档案，提供心理健康教育。并可以通过为留守儿童配备专业的生活教师，在一定程度上来弥补父母“亲子教育”缺失给孩子造成的“情感饥饿”，积极引导学生身心健康发展。

3. 加大政府和社会各界的支持力度。各地政府应以人为本，把留守儿童“隔代教育”问题放在统筹城乡发展的大系统中加以解决，加快当地农村经济的发展，创造更多的就业机会，吸纳更多的农民工在当地就业；此外，政府应加快户籍制度改革，逐步取消与户籍相关的地方隔离制度，保障劳动力的合理流动，在此基础上健全农民工在城务工的社会保障制度，保障农民工子女在城市的受教育权力。

第二章 代理家长是一个不错的选择

【案例介绍一】 党委书记兼代理家长[1]

在江东中心校任教28年的老刘退休后，闲暇时总爱回学校转转。除去之前学校党委书记的头衔之外，现在他还是4个留守儿童的代理家长。小峰则是老刘帮助的第一个留守儿童。

小峰3岁时，父母外出打工，由于常年与体弱多病的爷爷生活在一起，行为习惯无人管束，导致小峰形成孤僻、霸道的性格。考虑到孩子敏感的心理，老刘送给小峰一个笔记本，让他把心里话记下来，想到什么就写什么。一段时间过后，小峰的话多了起来。渐渐地，小峰会主动找老刘，倒出心里的疙瘩。一次次鼓励和交谈，小峰变得友善谦虚，学习兴趣也提高了。“刘老师，真是太感谢你了，孩子交给你，我们两口子在外面务工就放心了……”逢年过节时，老刘都会受到很多父母打来的感谢电话。

【专家分析】

大部分留守儿童或多或少地存在亲情缺失、监护缺位的情况。如果寻找一个“代理家长”，作为孩子生活的知情人、学习的引路人和成长的保护人，就可以有效地帮助在外的父母解决孩子的教育问题。代理家长可对孩子一对一的帮助，把孩子的学习、思想状况每月向其父母汇报，利于孩子成长，父母也能安心的工作。

① 李少聪．农村留守儿童心理及行为问题疏导［M］．西安．第四军医大学出版社．2011.26.

一、代理家长的责任和义务：

1. 关心留守儿童的思想、学习、生活。

2. 与留守儿童建立平等、民主、尊重、友爱的师生关系，营造轻松、愉悦的学习与生活环境。

3. 代理家长对留守儿童的学习、学校生活、思想状况、心理发展等方面负责关心与教育，保护留守儿童的合法权益。

4. 代理家长要密切关注留守儿童的发展状况，并定期不定期地与教师、家长沟通，及时调整关爱教育行为。

二、代理家长的权利：

1. 代理家长与留守儿童父母要建立相互平等、理解、尊重的关系。

2. 代理家长有权监护留守儿童在校的学习与生活，有权与留守儿童的班主任及任课教师协商孩子在校学习与生活问题。

3. 代理家长有权维护留守儿童的正当权益。在学生权益受到侵害时，有权作为留守儿童的“代理监护人”要求停止侵害或诉诸法律。

4. 代理家长有权参加留守儿童所在班级的家长会和家长开放日活动。

5. 代理家长有权接受留守儿童对家长工作业绩的评价、表彰与奖励。

三、代理家长可开展如下工作：

1. 每学期初家访一次，详细了解结对“留守儿童”的家庭情况、个人基本情况、学习情况、生活情况、思想状况及兴趣爱好，有针对性地制订帮扶计划。

2. 每月与“留守儿童”谈心一次，了解其身体状况和思想动态。

3. 每月与“留守儿童”班主任或任课教师联系一次，了解结对“留守儿童”的在校表现情况。

4. 每月指导“留守儿童”给父母写信或通话一次，增强他们与父母的情感交流。

5. 每月与临时监护人沟通一次，详细了解“留守儿童”的生活情况。

6. 每年陪“留守儿童”过一次节日，让他们感受到温暖与关怀，切实促进“留守儿童”健康成长，真心帮助“留守儿童”，解决其在学习、生活方面的实际困难和问题。

7. 经常学习有关家庭教育方面的知识，能及时总结在关爱行动中好的做法，以及存在的不足等。

【案例介绍二】有事就找“杜妈妈”①

11岁的小月在某镇上5年级。5年前，他的父亲外出打工，从此杳无音讯。为了维持生活，妈妈也到县城打工，留下他和爷爷奶奶一起生活。这让他一度变得很自闭，极少与人交流。“现在好了，我可以打电话给杜妈妈，有什么困难她都能解决。”昨天，小月听说杜妈妈要来看他，早早地就迎了出来。小月说的杜妈妈就是该镇共青团的县委副书记，她是去年9月成了小月的代理妈妈。

几个月来，她已经到学校看望小月六七次了，每次来都会与他交流、谈心，详细询问他的学习生活情况，还帮助他制定学习计划。开始可能是因为家庭的原因，孩子比较自闭、怯生。经过几个月的接触、交流，现在孩子有什么事，都愿意和杜妈妈说。

【专家分析】

现在有很多有爱心的社会人士都充当起了代理家长，为外出打工的夫妻解决照顾孩子的问题。要当好代理家长，就要把握住对孩子全面关爱、尊重习惯和循序渐进这几个基本原则。

代管孩子的时候，要暂时让孩子保留原来的生活习惯。因为生活环境的变化，孩子可能产生一些陌生和不安，不能强迫孩子太早做出改变，要让孩

---

① 李少聪．农村留守儿童心理及行为问题疏导［M］．西安．第四军医大学出版社．2011. 31.

子慢慢改掉坏习惯，这样孩子才不会排斥新生活和新环境。

家长、代理家长还有老师之间要经常联系，管理孩子的过程要分工明确。父母不能亲自照顾孩子，但是要保证孩子的教育、生活费用，要预留出充足的机动资金交到代理家长手中。代理家长和家长之间要相处融洽、互相尊重，在孩子面前要树立起威信，不能在孩子面前流露出不满情绪，让孩子对家长和代理家长产生误解。

【专家支招】

我们建议代理家长应该具备的标准有：

1. 身体健康

能为孩子提供可靠的吃住便利，保证孩子有个良好的食宿环境。要求在代理家长的直接操持下督促孩子自己动手，保证住所清洁、食物营养合理、生活规律，为孩子的学习提供有利的条件，从而保证孩子的身心健康成长。相反，有的委托人比如孩子的爷爷奶奶、外公外婆自身都年老体弱，尚需别人照顾，把孩子委托给他们是不行的，不能达到预期的效果。

2. 责任心强

代理家长选择，责任心最重要，他们不仅要提供食宿，而且还要尽到教育的监护责任。首先是扎实可靠的祖辈、亲戚朋友；其次是真心愿意、不带任何勉强成分的人，否则也不会有好的效果，具体责任包括吃住、安全、教育等。代理家长要能积极与家长和学校配合，能主动花时间和精力与孩子沟通。

3. 有教育管理孩子的知识经验

不一定非要有多么高深的文化知识，而主要是得有一定的家教经验，能及时与学校配合，接受学校要求，主动关注孩子的心理变化，及时向父母通报情况，能把父母的思想教育贯彻到孩子的生活和学习中去，不断改善教育管理措施。

4. 能听从家长的安排

这要求代理家长与家长之间有良好的关系，有一定的交情，能把孩子的细微变化、进步或退步、好的或坏的信息及时通报给家长，与家长共商对策，并能把各种措施积极主动、不折不扣地贯彻到孩子的生活和学习中去，纠正他们的不良行为，发扬他们的优点和特长，争取最佳的教育管理效果。

家长与代理家长的管理合作要做到：

1. 注意目标，关心细节

有这样一些父母，他们只注意孩子的期末成绩，或只在孩子出现了种种不良行为时才过问，有的兴师问罪、大打出手或痛骂一顿，觉得孩子的行为与培养目标相去甚远，从而感到失望和痛苦。这能只怪孩子吗？这是由于他们自己没有关注孩子平时的细节教育，未能防微杜渐和防患于未然而造成的。具体的要求是，每个星期家长要主动打一次电话给代理家长，每个月给班主任或授课老师打一次电话，了解这段时间孩子生活、学习的具体情况。对一些重大变化，包括好的或不好的做个记录，建立档案或成长记录袋，定期进行分析，找出变化发展规律，与学校和代理家长共商对策。需要强调的是家长应主动、按时地与老师和代理家长保持联系，不要认为老师或代理家长不来找就万事大吉了，父母才是孩子的法定责任人。

2. 要尊重委托代理家长，给予适度自主权

既然把孩子委托给代理家长，就要表现出对代理家长的放心，在与之交流过程中要注意礼貌。如果他对您的孩子的要求很严格，甚至适度地惩戒孩子，您应该高兴才对，而不能轻信孩子的一面之词，而产生埋怨。否则，就无法交流合作，孩子也就无法得到代理家长的真心关照。

3. 与代理家长沟通家教观念，达到要求统一

许多委托监护人往往是祖辈，年龄大，又由于是隔代教育，经常对孩子过于溺爱、娇惯和放任，照顾吃饱穿暖还可以，却根本谈不上教育。因此，打工父母要多买家教书进行学习或请教有经验的家长，不断提高自身素质，

形成适合自己孩子个性特征的家教理念和系统方法，及时提醒代理家长，争取配合和支持。

4. 教育孩子要自觉接受代理家长的教育管理

家长应给孩子讲清父母外出打工是生活所迫，是为了家庭的幸福，为了孩子能更好地读书，要让孩子明白把他委托给其他监护人，已经给别人增添了麻烦，要学会宽容与信赖，让孩子乖一些，自觉听代理家长的要求和管理，这样可减少父母担心，让他们干起活来更踏实、更安全、更开心，这本身也属于孝心的表现。还要暗示孩子，无论代理家长怎么要求管理都是代表父母提出的，应该自觉遵守，不能顶撞、记恨，必要时可以打电话告诉父母，由父母与代理家长进行交流和协调。

总之，打工父母一定要特别重视留守孩子的教育管理，寻求代理家长的教育是重要途径之一，如何充分发挥代理家长的主动性是需要打工父母认真思考的。

第三章　常见的几种错误家庭教育方式

【案例介绍一】孩子娇惯成性、没有礼貌①

小刚的父母长年在外打工，是奶奶一手把他拉扯大的。这天是奶奶的六十大寿，小刚的爸爸、妈妈特地赶回，为奶奶买了个大生日蛋糕，并准备了丰盛的酒席。小刚的姑姑、舅、姨也都远道而来。由于二姨、三姑住得远，还没有到，小刚却要切蛋糕吃。妈妈、姑姑都去哄，说等一会儿大家到齐，马上切蛋糕。可怎么哄也不行，小刚非要切蛋糕吃。最后奶奶求小刚说："我伺候你十来年，你能不能等一会儿，等你姑来了马上就切蛋糕！"话音刚落，只听"啪"的一声，小刚竟一巴掌把生日蛋糕打翻在地，说："现在不让我吃，你们谁也别吃！"小刚爸爸气得扑过来打小刚，小刚坐在地上又哭又闹。一场生日宴，搞得一塌糊涂。

【专家分析】

以上这个孩子无理取闹的例子，就是家长平时过于依从孩子，把孩子惯坏了，养成了他们目无尊长、缺乏礼貌、任性自傲、自私自利、唯我是从的不良品行。家长要从孩子第一次不礼貌的行为出现时，就动之以情，晓之以理，及时纠正这种行为。

过度溺爱型教育的弊端：

1. 溺爱使孩子缺乏自理、自立能力

经常看到小学高年级学生的家长一日四趟不厌其烦地接送子女上学，怕

① 梁修安．打工父母的家教策略［M］．合肥．安徽教育出版社．2007. 16 – 17.

出危险，甚至到学校帮助孩子打扫卫生。有的都上了初中、高中，甚至大学，父母还经常帮助洗衣、铺床、整理书包，怕孩子累着，简单的家务也不让孩子干。中、高考的考场外，总有很多家长拿着吃的、喝的站在那儿等着，总是担心孩子的考试情绪，如此等等。这些本应是孩子自己的事，却让家长包揽了，养成了孩子饭来张口，衣来伸手，一切要别人伺候的坏习惯。像他们这样能真正长大吗？他们能适应社会吗？

2. 溺爱使孩子不思进取，贪图安逸

有的家长过度溺爱孩子，甚至帮助完成家庭作业，导致孩子不能独立完成学习任务。还有的家长满足孩子各种要求，甚至满足孩子一些不合理的虚荣心，看到别人家孩子穿名牌自己也非要不可，要玩具不买给便倒地不起，一顿饭没鱼没肉就不吃不喝。这样的孩子因为家长的溺爱，不知道珍惜来之不易的学习机会，不懂得珍惜父母的辛勤劳动和血汗，对自己的前途和命运缺少应有的认识。当孩子出现这种情况时，要把他带到劳动场所或困难艰苦的生活环境中去多体验。家长自己则必须彻底改变对孩子的溺爱心理和教育方式。

【案例介绍二】 父母放纵孩子，使其走上不归路①

陈某夫妇生有一子，是个小调皮。因丈夫在外打工，母亲带着儿子与祖母一起生活。祖母格外疼爱孙子，对儿媳管教孩子总是横加干涉，甚至与儿媳反目成仇。但是有一点是一致的，即孩子和别家孩子发生争执，人家告上门时，会同心协力护着自家的孩子。当孩子父亲回家管教儿子时，婆媳俩会一同责怪他不近情理，难得回家，还不放过孩子。孩子于是凭借着祖母和母亲的保护伞，不服父亲的管教。最后儿子连留两级，整天闲逛在外，不是偷东西，就是赌博。正是由于这些袒护、放纵，助长了孩子唯我独尊、目无法

① 梁修安. 打工父母的家教策略［M］. 合肥. 安徽教育出版社. 2007. 19.

纪、胆大妄为的心理，让孩子从惹出小麻烦、小违规发展到不可收拾，甚至走上犯罪的道路。

【专家分析】

溺爱的出格就是放纵和袒护，放纵型的家教给孩子带来的危害极大，甚至是毁灭性的。

有些孩子每天放学后，就让父母带着逛商店、下饭馆，要什么就买什么，恃宠若骄。慢慢地孩子开始学坏，老师将情况反映给家长，家长会百般袒护孩子，自己的孩子没有任何错误，这样的包庇往往会让孩子肆无忌惮，甚至走上犯罪的道路。

放纵会使孩子有恃无恐，心理畸形。当孩子第一次犯错时，会有恐惧和后悔心理，会担心家长怎么看待自己、怎么处罚自己。在这种情况下，如果家长能给予重视，对其进行严肃的批评、教育，指出危害，告诫孩子应该怎么做。孩子就会有悔改之意，会痛恨自己的不良行为，迷途知返。如果孩子第一次得到父母的袒护便会有第二次、第三次……就会越错越狠，甚至越错越理直气壮，最后由量变到质变，很难回头。最终，家长将后悔莫及。

【案例介绍三】 家长放任孩子的不良行为，习惯成自然[1]

只为一点点小摩擦，刚进幼儿园的 3 岁男童轩轩竟将小朋友的脸部咬伤。老师把孩子家长找来后发现，家长的胳膊上居然也有一个个咬痕。“小朋友间发生摩擦的事情并不少见，但没想到轩轩的举动居然是家长培养的结果。”说起当时的情景，幼儿园的梁老师显得心情沉重。她说，今年 3 岁的轩轩刚入园一个月。当时，轩轩和小朋友为了争一个玩具而争吵起来，谁知处在“下风”的轩轩竟抱住小朋友，突然用力地咬住对方的脸颊。

---

① 新华网 http：//news. xinhuanet. com/school/2006 - 10/12/content_ 5193327. htm，2006 - 10 - 12

得知儿子咬伤小朋友的消息后，轩轩的父亲急忙赶到幼儿园，但接下来的一幕着实让老师惊讶不已。当时，轩轩一头扎进父亲怀里，摇着爸爸的胳膊说："去买好东西。"轩轩的异常举动立即引起了老师的注意。轩轩父亲连忙解释说，1 岁时，轩轩很喜欢用牙齿咬东西，还曾经用乳牙咬过妈妈，可是母亲并没有责备儿子，反而觉得儿子已经长大了。从此以后，家人还会特意将自己的胳膊凑到孩子嘴边，让孩子用力咬几下，没想到，2 岁时，轩轩竟养成了咬人的毛病，每每遇到自己不满意的时候，就会张嘴咬家长的胳膊。为了不让孩子哭闹，家长也只能妥协，甚至还会让孩子再咬一下。

轩轩的父亲挽起自己的衣袖，只见他的胳膊上已是伤痕累累。他无奈地说，自从轩轩开始咬人后，每每发生这样的事情，他就会买一些水果或食品，亲自上门给对方道歉，但家长始终没有责骂过轩轩。因此，每当轩轩咬伤小朋友，总会拉着父亲去买"好东西"。在轩轩的意识中，似乎咬完人后只要送"好东西"就能"没事"，而且家长也不会责备他，所以，买"好东西"竟成了轩轩咬人后必说的一句话。

【专家分析】

对儿童来说，婴儿最早接触事物并不是用眼睛和手，而是用嘴。这就促成了儿童用嘴去咬东西来感知外部世界。面对儿童的这一生理特点，轩轩的家长在最初就没有告诉他嘴的正确用途，另外，当轩轩用咬人这种方法来表达自己不高兴的时候，家长应该及时制止，进行教育，不能只是简单地向被咬小朋友赔礼道歉。这也可以说，造成轩轩咬人的习惯，是家长一手培养的。一些幼儿园入园新生有打小朋友甚至打老师的行为，这样的儿童如果不能及时纠正其不良行为，不仅会对其他小朋友的安全构成威胁，长大后还会出现更加严重的暴力倾向。对于这样的新生应该注意教育，纠正不良习惯。家长在此期间要积极配合，不然儿童还会出现反复。

放任孩子自流的家长大概有四种情况：

1. 有部分家长长年在外打工，或忙于生意和工作，把孩子托付给他人，对孩子的生活学习完全不顾，一心只想挣钱，或只想自己的自由快乐，或想成名成家，疏于对孩子的教育管理。

2. 一些家长文化程度较低，又缺少家教意识。他们的观点是：把孩子养大，给吃给穿是我的事，教育孩子成才是学校和社会的事。他们对孩子的前途不抱很高的期望，也不存焦虑与失望，对孩子的学业成绩、思想品德、心理健康都表现得比较麻木。

3. 家长自身的人生观、世界观不端正，家教思想过于松懈，故意助长孩子任性发展。有些家长也是因教育无方，从小娇惯孩子，使得孩子成才无望，索性破罐破摔，想把孩子培养成霸主，对孩子的恶习霸气，姑息迁就，最终使孩子走向犯罪深渊。

4. 一些家长自身就没有当好家长的潜质，更不具备教育孩子的资格。他们生了孩子后，既没能力，也没有兴趣考虑孩子的教育问题，有时甚至连孩子的一日三餐都料理不周，常常是一两块钱就把孩子打发了。在长期放任自流的家庭教养下，孩子更容易受到友伴群体、社区环境的影响，走向歧途的可能性也会很大。问题父母，必然产生问题孩子。①

【专家支招】

针对上述这种案例，家长应该做到：

1. 关心、体贴孩子，营造温馨的家庭氛围，让他们从小生活在良好的人际关系之中。

2. 孩子处于成长期，他们对社会的认知主要靠成人引导，因此，家长在给予关爱、体贴的同时，要指导他们，让他们知道什么是可以做的，什么是不能做的。

---

① 梁修安．打工父母的家教策略［M］．合肥．安徽教育出版社．2007．20－21．

3. 针对孩子的特点，强化行为规范的养成训练。有意识地培养他们的意志力，以情诱导，严格要求。

4. 从小事抓起，对孩子的每一个细小进步给予及时的表扬鼓励，对错误行为予以批评。

【案例介绍四】 家长暴力教育，致孩子死亡①

2005年4月，四川省某县某街上一栋楼里，75岁的严奶奶做晚饭时候发现家里的半桶米不见了，老人马上想到肯定是孙儿干的。晚上9时，老人拉下自家的卷帘门，找来一根和9岁孩子手臂一样粗的竹棒，开始“教育”孙儿。在接下来的4小时内，老人用竹棒抽打孙儿的头、背、屁股和大腿，进行长时间的“教育”。凌晨1时许，老人打累了，在沾满鲜血的竹棒下，性格倔强的小男孩再也不顶嘴了。老人让孙儿继续跪在地上，转身躺到床上睡了起来。片刻后，老人起床喊孙儿去睡觉，但孙儿没动，老人推了推孙儿，9岁男孩倒了下去，老人这才慌了，她急忙将孙儿拖上床叫喊起来，但孩子却没有任何反应。

老人抱着孙儿的尸体，整整下半夜没有合眼。凌晨5时多，老人站了起来，手脚哆嗦地找出一只编织袋，将孙儿的尸体装进去，随后放进背篓里出了门……

【专家分析】

粗暴教育是指通过暴力，包括简单粗暴或过激的语言和粗暴的行为，来达到教育孩子的目的。主要表现为：对孩子不耐心、不细致，态度恶劣、方法简单粗暴以及讽刺挖苦，肯定少、否定多，有时甚至拳脚相加等。儿童的生理与心理处于一个成长阶段，还都十分脆弱，经常用过于粗暴的方式对待

① 梁修安．打工父母的家教策略［M］．合肥．安徽教育出版社．2007. 2.

孩子，会让孩子的精神长期处于紧张状态，严重伤害孩子的身心健康，长久如此易患上各种不同的心理疾病，有许多儿童都是长期受到家里的体罚和打骂而患上自闭症或强迫症。有时候甚至让孩子出现了仇恨心理，所以家长们要禁忌粗暴的行为，给孩子的童年留下美好的回忆。

上述案例是一个令人无比沉痛并让人警醒的悲剧，它实际上暴露出了当前家庭教育中的一个问题：过度粗暴。但遗憾的是，在孩子没有被殴打致死之前，家长根本没有意识到自己对孩子采取的教育方式会造成这样的结果。家长的教育方式不是沟通，而是通过暴力解决方法，而正是这种暴力教育，促成了这出惨剧的发生。

所以，为了规避家庭教育领域类似的事件再次发生，我们有必要提醒家长，中国的父母首先要有自我审视和觉察：自己有没有在为孩子好的名义下采取过对孩子身体或语言上的攻击行为？家长对孩子的教育是一种高级的交流互动，绝非低俗粗暴方式可以奏效的。在孩子的表现令父母失望而感到生气时，不要直接去处理，先冷静一下再说。因为盛怒的激情状态之下，任何人的认识范围都会变得狭窄、分析解决问题和自我控制能力下降，出现语言暴力和躯体暴力的可能性大大增加，而家庭教育中暴力行为模式的特点在于：一旦开始，基本上就停不下来了，直到最后酿成恶果，人们才会有所警觉。

家长粗暴教育方式对儿童产生的影响：

1. 心理伤害。父母的教育方式对孩子心理是有着一定的影响的，经常受到父母打骂的孩子会产生各种不同的心理问题，如撒谎、怯懦、叛逆、自闭、焦虑等。父母对孩子要求过于严厉，常因一点错误就对孩子进行打骂或其他惩罚，这样不但伤害了孩子的自尊，还让孩子有父母不爱自己的难过情绪。逐渐形成了孤僻冷漠的性格，严重时可诱发自闭症。

2. 造成不良性格。试想，孩子在童年的记忆里都是父母的指责与打骂，那么这个印象会陪伴他一生。孩子会对父母产生恐惧或排斥的现象，形成懦弱胆小不愿接触外界的事物，对亲情渐渐失去依赖感，不利于和谐的亲子关系。

在对待出现问题的孩子时，家长到底该做些什么？

1. 与孩子沟通，弄清楚孩子问题的原因。

对于孩子犯下错误，父母们并没有弄清楚原因，而只是一味地打骂，这样不仅解决不了孩子的问题，还会使孩子产生反抗情绪，不能弄清问题背后的深层次原因，孩子或许会因为逆反心理，下次再犯。家长应该与孩子进行沟通，促膝长谈孩子遇到的问题和困难，告诉他们不要害怕犯错，家长会与他们一起去面对，积极改正。

2. 问题孩子的背后，是问题家长。

家长们在孩子出问题之后往往只是在孩子身上找原因，而没有想想自己是不是也存在问题。问题孩子的背后也有问题家长，家长在平时忽略孩子，没有给予足够的关注，会导致孩子各方面的问题出现，所以问题出现之后家长应该在自身上找找原因。

3. 教育孩子，要有耐心。

当孩子有问题时，有些家长就会显得很急躁，总希望快点解决问题，尤其是当家长在外界遇到不顺心时候，更容易迁怒于孩子。然而孩子教育是一个漫长的过程，问题孩子不可能一下子变好，家长要有足够的耐心去努力。

4. 在问题严重时，及时求助心理咨询。

家长在气头上，要首先平静自己的情绪，带情绪恢复正常以后，再教育孩子。如果不能控制住自己的情绪，总是有家暴的倾向，这已经与孩子犯不犯错没有关系了，这是严重的心理障碍，必要时可以求助心理咨询。

第四章 关心和救助网瘾少年

据全国妇联的统计，2008年，全国农村留守儿童约5800万人，其中14周岁以下的农村留守儿童约4000多万。近3成留守儿童家长外出务工年限在5年以上。中国互联网络信息中心的调查显示，与2007年相比，10～19岁网民所占比重增大，达到35.2%，成为2008年中国互联网最大的用户群，而这正是中小学生所处的年龄阶段。城市中小学生上网行为受到父母师长的监控，也得到了社会的关注，已有不少研究考察该群体的网络使用情况，但留守儿童由于父母监护缺失或生活环境改变，很容易向网络寻求社会支持，进而沉溺于网络。网络成瘾对他们身心发展的危害可能比对普通儿童群体的危害更大。

一、留守儿童沉迷网络怎么办

【案例介绍一】 留守少年沉迷网络①

九年级学生林某，学习成绩一般，在校期间基本遵守纪律，性格比较内向、腼腆，不善于语言表达，没有什么较好的朋友，上学放学基本独来独往。家庭经济状况接近小康，家里有爸爸、妈妈，还有一个姐姐，均在外地工作。林某成为一名留守学生。

一年前，林某的母亲外出工作之后，林某开始有旷课、逃课现象，班主任往林某家打电话却无人接听，上课时无精打采，成绩快速下降，脸色也显得苍白。由于林某一直不愿意向老师提供父母的手机号码，所以班主任老师

① 庄明．农村留守儿童安全教育［M］．成都．天地出版社，2008.84.

一直没能与林某的父母取得联系。

直到两个多月前，林某父亲回家，家长和老师才有机会对学生林某的种种行为表现进行沟通，通过家长多方查访，最后发现，林某不但迷上了网络游戏，还深深地堕入网恋之中。

【专家分析】

综合林某的性格特征和生活状况，分析其迷上网络的原因主要有：

1. 性格因素

性格内向、腼腆，成绩不突出，没有特长，在同学中没有被老师重视；不善言辞，交友较少，既不愿意向人倾诉，又没有倾诉对象，这些是林某沉迷网络的主要原因。

人都有自我实现的心理需要。青少年需要自我实现，需要得到老师、同学的认可，需要在人面前表现自我，但是对于林某这样性格的学生来讲，在学校里，展示自己个性和聪明才智的空间就很小。但是，网络的虚拟性和隐蔽性弥补了他在语言、性格方面的不足，为他提供了施展自己才华的舞台。在网络聊天上，他可以滔滔不绝、幽默机智；在游戏中，他可以通过高积分获得极大的成就感；在网恋中，他有了感情倾注的对象，他不再孤独，更感受到自己在对方心中的重要地位……所以，网络使他不能自拔。

2. 环境因素

留守学生，处于青少年时期，自制能力比较弱，辨别能力比较低。他们独立生活，脱离父母的监管，在没有家长监督和引导的情况下，更容易放纵自己，成为网络的奴隶。林某正是在这种环境因素中成为迷失青少年的。

【专家支招】

留守儿童沉溺网络该怎么办?

1. 尊重、会谈和接纳。网瘾青少年在现实生活中很多需要得不到满足，才会求助于网络；性格内向的人也正是因为没有正常的心理交流才会在网络上向人倾诉。所以，对于沉迷网络的留守儿童，首先必须在尊重的基础上，找一位与孩子关系比较密切的人，在良好的氛围下与其进行交谈，从而理解孩子的各种需要。家长和老师要通过适当的方式在一定程度上满足孩子的需要。

2. 教育引导。端正孩子对网络的认识态度。家长和老师都应该告诉孩子，电脑、网络虽然是高科技、现代化的象征，但并非有百利而无一害，要学会抵御不良信息的诱惑。电脑、网络是高级工具，不是高级玩具。孩子一旦出现“网瘾”，难以自控，必须立即与电脑阶段性隔离，可以通过设置微机自动关闭、闹钟功能等来强迫孩子执行。久而久之，就会形成习惯。如果孩子的网瘾问题比较难根除，必要时候可以求助心理咨询。

3. 脱敏训练，转移注意。具体做法分为两个步骤：第一步是对孩子进行团体成长训练，让他们在封闭环境中培养团队精神，学会与人交流，转移对网络的依赖心理；第二步进行家庭亲子互动，指导家长加强与孩子的交流沟通，最终帮助孩子重塑价值观和人生目标，正确对待虚拟的网络世界。在孩子想要上网的时候，老师、家长可以偕同其看书、打球、跑步、听音乐等其他活动取代原来的上网行为。通过各方面的努力，帮助孩子戒除网瘾。

4. 改变孩子学习环境。学生一旦进入一些不健康的非正式群体，往往会难于自拔，并对其发展产生很大的消极影响。许多学生沉溺于网络，与这种非正式群体的影响有关。因此，家长要关注子女交友情形，协助他们抗拒不良朋友的诱惑。如果这种环境的影响比较突出，学生采取转换一个班或一个学校的方法，也是可行的。一个新的环境，有助于学生改掉旧习惯。

5. 学校要正确教育和引导青少年认识网络，在正确引导他们接触网络的同时，加强对他们的普法宣传。政府相关部门要拿出实招，加强对网络的治理和监控。一些向未成年人开放的黑网吧，应坚决予以取缔。

【案例反思】

林某的案例让我们感受到，在日常教育教学中，教师要想出办法教育学生，如何才能给孩子更多的关爱，尤其是对一些留守学生，更需要关爱。

著名的教育家苏霍姆林斯基说过："在每个孩子心中最隐秘的一角，都有一根独特的琴弦，拨动它就会发出特有的音响，要使孩子的心同我们讲的话发生共鸣，我们自身就需要同孩子的心弦对准音调。"教师的爱心能换取学生的信任，教师对学生的关注才能重新唤起学生的自信，才能让孩子学会自尊，才能让孩子茁壮成长。

【案例介绍二】 网络不是洪水猛兽，需要正确引导①

13 岁的刘丹丹是个留守的小才女，经常在贴吧发表自己的小小说，灌水的人还不少，还有自己经营的小博客。刘丹丹的计算机课老师会教他们建立博客和网页，学生回家就自己练习着建立了一个博客，经常去更新文章，写写心事。

刘丹丹的老师还把自己的博客地址向学生公布，将班级学生的优秀作文粘贴到博客中，让每位学生在博客中留下自己的脚印。学生对此也充满了新鲜感，久而久之，上老师的博客看优秀习作便成为学生每天的习惯，孩子们的写作水平也在潜移默化中得到提升。

【警察析案】

由于听到过多电视、网络宣传的负面事件，很多父母严格节制留守儿童看电视和上网，担心影响孩子学习。负责照顾留守儿童的监护人干脆就禁止孩子看电视或者上网。这就忽略了对电视和网络积极作用的发挥，不利于留守儿童在成长过程中扩大知识面。父母应该知道孩子在网上做些什么，从而了解到孩子心理动向，找到孩子沉迷的根本，从而健康地引导和教育。

父母不必把电视和网络看作洪水猛兽，孩子沉迷网络，家长要耐心地引

① 李少聪．农村留守儿童心理及行为问题疏导［M］．西安．第四军医大学出版社．2011. 54.

导，不能走极端地去处罚和责备，正确的引导要比直接禁止好得多。何况，电视和网络是生活中不可缺少的，只有让孩子学会正确面对，才能避免他们误入歧途。

家长应负起监护人的责任，不仅要关心孩子的物质需要，更要关注孩子的精神需求。学习管理知识和处理信息的能力，能否熟练掌握电视信息和运用互联网，直接影响青少年对新型文化形态的适应。我们不能因为网络文化的负面影响而否定它，而应从有利于孩子发展的角度去支持和引导他们正确对待和使用网络，学会从电视网络中获取信息。

【专家支招】

避免留守少年沉溺网络的预防对策：

1. 家长以身作则，除了工作需要，其余时间尽量少上网。因为孩子的自制力较弱、模仿力极强，如果看到家长整天忙于网上“偷菜”或是“网游”，那么再严厉的说教也难以让孩子信服。同时，营造一个健康向上的家庭氛围，有利于让孩子远离网络。家庭生活和谐，会在很大程度上减少孩子对网络虚拟世界的依赖。

2. 我们还应注意开阔孩子的视野，让孩子感受到网络以外的世界也是精彩无限的。带孩子走进生机盎然的大自然，让无瑕的童心感受自然美；领孩子去图书馆，陪他们选几本经典读物，让他们在知识的海洋里自由徜徉，这不仅让孩子远离了网络，还提升了孩子的审美能力，增进了亲子感情。同时多与孩子参加户外活动，培养兴趣爱好。男孩子可以培养他们打篮球、踢足球，女孩子可以培养唱歌、跳舞等兴趣爱好。

3. 家长陪伴孩子上网，同样有利于亲子关系。适度地玩些游戏不仅不会让孩子“玩物丧志”，相反还能提高孩子的思维敏锐度，激发孩子不服输的好胜之心。在休息的时候，和孩子玩一些适当的游戏，不仅仅是孩子，我们成人也能够得到身心上的愉悦。和孩子一起在网上玩游戏、聊天，是亲子活动的一种有益形式，不仅是必要的，而且是可行的。在闲暇的游戏中，我们不仅可以拉近与孩子间的心理上的距离，而且能让孩子品尝到与家长共同上网的乐趣。同时也起到了必要的监护作用，有利于良好上网习惯的养成。

4. 关注孩子异常表现，及时发现问题。如果在一定时期内孩子出现说谎、晚归或不归、作业应付、学习成绩下降、不明原因的花钱增加、过度疲劳、对原来爱好的事情失去兴趣、不喜欢和朋友们一起玩等异常表现，家长就应该以适当的方式予以关注，及时发现子女是否沉溺于网络。

5. 培养孩子的自制能力。我们不可能一直盯着孩子，他们总能找到上网的机会，而且强行压制会造成孩子们的逆反心理，所以帮助孩子培养自制能力才是解决问题的关键。孩子的自制能力要从小培养，对于家长来说，别以为孩子太小而纵容他，百依百顺。让他在小的时候就有一点自制力，是很重要的。如有的家长对孩子上网采取约法三章：一是仅每周双休日上网一次，凡考试前不上网，考试后当天可以上网。二是每次上网时间不能超过二小时。三是不上网聊天。在具体实施过程中，经常提醒他，要言而有信，学会自制。同时，还可向孩子介绍一些抵制不良诱惑的具体方式，如制作警示牌，座右铭等。

二、留守儿童因沉溺网络走向暴力犯罪

【案例介绍一】上网少年凶残杀姨婆[1]

2010年4月21日晚，某镇一七旬太婆被人杀死在家中，凶手竟是被害人年仅13岁的姨孙小淘（化名）。更让人毛骨悚然的是，去年小淘还掐死了自己的亲奶奶。晚辈为何杀害自己的长辈？警方查明其犯罪动机简单而令人费解：上网经常被母亲责打，宁愿坐牢也不愿回家，为了进监狱，对亲人连下

① 新浪新闻 http://news.sina.com.cn/s/2006-04-28/05508808323s.shtml，2006-04-28

毒手。26日至27日，记者来到临时看管小淘的地点，走进了这名“网瘾少年”、“留守儿童”的迷茫世界里。

小淘是某小学在校学生。4月21日下午放学后，小淘走进学校附近的一家网吧上网。晚上9时，上网费告罄，正在兴头上的他向同学借钱未果，遂冒出到姨婆家“搞钱”的歪念头。他借网吧老板的电瓶车来到姨婆家，在厨房里找到一把菜刀进入姨婆卧室，乱刀下去，鲜血横飞……姨婆死后，小淘从其衣服内找到90.60元钱。作案后，小淘从容走出姨婆家门，把凶器丢在姨婆家门前，在水田里洗去手上的血迹，再返回网吧继续上网。23日是星期天，小淘又去祝贺一朋友的生日，下午2时许便被追踪而至的公安人员抓获归案。

【警察析案】

警察在小淘上学的学校了解到，小淘学习成绩中等。在家中他很懒惰，基本不做家务劳动。

据班上老师介绍，小淘在本学期已旷课14节。老师还发现他有抽烟、喝酒、打架、上网、夜不归家等坏习惯。“本月11日他与同学打架，用板凳砸伤同学还承担了40多元的医药费，学校责令他写了整改错误的书面保证书。”老师说。

小淘喜欢上网，没钱就借，借不到钱就抢同学的钱。小淘自称，他还抢了几次出租车，弄到了几百元作“上网费”。去年8月中秋节后，小淘也为“找”上网费，把自己的亲奶奶掐死了。当时，家里人没有报案。

26日下午4时许，警察与小淘面对面交谈。很难想象，这名身高仅1.50米，满脸稚气的6年级小学生，竟然是一名杀害自己奶奶、姨婆的凶手。

小淘说“我最恨妈妈，她经常打我，还不拿零用钱给我用，我就故意给她反起干。我想进监狱，我从10岁起就想离开我的家，犯点事情好进去（监狱），在家没意思，进监狱也比家里好。”“我喜欢上网、喝酒、打麻将还有打架。"

"黑网吧"的猖狂也使留守儿童的犯罪有了可乘之机。

在小淘经常上网的一家距学校校门不到100米的网吧看到，昔日人满为患的网吧已人去楼空，卷帘门拉下，室内的赌博机、电脑和老板均不见了踪影。据悉，该网吧没有办理相关的经营证照。黑网吧为什么如此猖狂？据围观群众透露，这家网吧从去年开业以来，长期容留未成年人通宵上网。"有的孩子在里面通宵达旦，网吧则提供茶水、香烟、被盖等服务。"

"犯罪的青少年，一半都是'留守儿童'，这令人深思呀！"据办案警察说，2004年至2005年，他们曾经做过该县农村"留守儿童"的相关专题调查，全县14岁以下的青少年犯罪问题，农村是城市的1.6倍，其中"留守儿童"比例占50%。究其原因，青少年与父母见面沟通少，爷爷辈的文化、生活差异造成同孙辈存在隔代鸿沟，加上爷辈对孙辈充满溺爱、迁就的心理，易养成他们好逸恶劳等不良习气。

【案例介绍二】由网瘾引发的弑父悲剧①

2009年2月6日，某镇15岁高一学生小文（化名）将前来制止自己上网的父亲连捅5刀，一刀刺中心脏，父亲不治而亡，他却返身到另一间网吧上网。弑父事件发人深省。

腊月十八，在一所否网吧里，妈妈进门拉起正在看别人上网的少年小文，小文不愿离去，妈妈又将父亲叫进网吧……小文执意不回，愤怒的父亲给了儿子一拳，并称要用绳子捆其回家。妈妈出门去找绳子，父亲强行将儿子拉出门外，父子在网吧门前发生争执。突然，小文抽出一把刀向父亲猛戳几下，父亲捂着胸口倒地，小文掉头走了。街坊连忙打120电话求救，救护车到现场后，医生发现小文的父亲已停止呼吸。其身中5刀：手臂2刀，躯干3刀，

① 新浪新闻 http：//news. sina. com. cn/s/sd/2009－12－16/100119271719. shtml，2009－12－16

其中一刀刺中心脏。两小时后，警察在距现场约一里外的另一家网吧发现了小文。

小文的父母在小文四五岁时常年在外打工，小文由爷爷奶奶带大。“留守儿童”小文迷上网络游戏，学习成绩差。为了管教小文，母亲决定留在镇上做小工，但父亲还是在外打工挣钱，一年回家一两次。小文母亲说，儿子很少说心里话。跟家长和亲戚讲话不多。小文父亲性格内向，加上在家时间不多，跟孩子的交流更少。

年初，小文母亲了解到儿子常在学校老师查完寝室后，从寝室二楼用床单结成绳子，顺着床单下楼，溜出学校去网吧包夜。得知消息的小文父亲从外地赶回家的第一件事就是去网吧找人。然而，父子碰面后，小文没有表示出见到父亲的欢喜，并不愿离开网吧，最终在父亲的拳头下极不情愿地回到家中。小文在家里待了 4 天后，再次离家“上网”。父母多次寻找，最终，发生了家庭悲剧。

【专家支招】

由网瘾引发的留守儿童杀人案引起了社会的强烈震动。如何挽救迷途中的羔羊？是值得社会、政府和相关部门一起深思的。

1. 发展农村经济，增加农民的就业机会。我们当前应增加对农业的投入，加强农业调整步伐，帮助和引导农民提高农副产品的竞争力；增强农业科技投入，加快农产品优良品种的研究，提高农副产品的附加值和科技含量，帮助农民富起来。同时应加快小城镇建设，缩小城乡差别，使大量的农村劳动力能就近实现就业。这样就不会让子女后代留守在家里，能够更好地监护和照顾他们。

2. 建立留守儿童的教育体系。建议政府要从组织上落实教育和监护体系的建立，由基层学区、学校和共青团牵头，联合妇联、工会、村委会和派出所共同构建中小学生健康发展的教育和监护体系，关心留守儿童面对的亲情欠缺和心理压力。组织机关干部与留守儿童“一加一”帮扶结对子，加强心理上的沟通，并负责解决其生活中遇到的困难；发动老干部、老党员做义务校外辅导员，实行“代理家长”制，为留守儿童找一个“临时家庭”，对留守儿童及时进行心理疏导。

3. 建立留守儿童的监护体系，建立留守儿童档案。班主任要做好留守儿童的摸底工作，将其在校的各方面表现记入档案，及时向监护人和外出家长通报留守儿童的成长情况，在此基础上，班主任对此类学生进行跟踪教育、定期家访，形成学校、家庭共同教育的局面。在学校开设心理健康课，定期为学生举办心理健康教育讲座，开设“悄悄话信箱”，建起“心灵驿站”，帮助留守孩儿童解决无人倾诉、无处倾诉的问题，解开心灵的“疙瘩”。

4. 加强法制教育。邓小平同志指出：加强法制重要的是教育，根本问题是教育人。法制教育要从娃娃抓起，小学、中学都要进行这个教育，社会也要进行这个教育。首先，农村的各级基层组织要加大对农村青少年法制教育的力度，以各种喜闻乐见的形式在农村开展普法教育。各级政府要通过送法下乡等活动，结合学文化、学科技，培养广大留守儿童遵纪守法和运用法律武器维护自身合法权益的概念，提高他们的法律修养。其次，学校应该组织教师进行法律知识的培训，提高师资队伍的法制素质，确保教育者先受教育。最后，教育部门会同司法部门，编制能引起学生兴趣的多媒体法制教育教材、课程，生动、形象地进行法制教育。

5. 加强政府责任。留守儿童犯罪问题的解决，政府应当履行相应责任，促使问题协调解决。主要内容有：第一，公检法三机关应负起相应的责任。如可以利用自己所掌握的法律知识和典型案例，对留守儿童进行生动形象的法制宣传；此外，公安机关应设立对已犯罪留守儿童的帮教机构，引导他们认识错误，走向正途。第二，农民工集中打工地政府应组织该人群学习与留守儿童交流沟通和教育的课程，帮助他们正确与子女沟通。第三，政府应当创办更多的农民工学校，或者制定城市容纳农民工子女随父母上学的相应政策，从而实现留守儿童从根本上减少这一目的。第四，宣传部门应该大力宣传对预防留守儿童违法犯罪已经取得有效成果的典型案例，以供各部门和各地区认真学习和研究。

【案例反思】

哪里出错了？弑父悲剧发生后，网上议论一片。有网友气愤地表示，小文父亲在外拼死拼活挣钱，他却亲手杀掉了自己的亲人，难道心里不惭愧？他还是“人”吗？“15岁未成年呀！有关部门应该严查这些黑心的网吧。”有网友对黑心网吧提出控诉。有网友指出，有的少年没日没夜在网吧上网，网吧老板根本不管，还给提供方便面、面包等食品，没钱上网还鼓励他们欠着。

这样的人间悲剧不能再发生了！父母一定要对青少年网瘾的根源有深入认识，孩子有网瘾关键还是教育及成长环境问题。应该帮助孩子先学会做人，方能引导他们走向成功之路。

从许多案例看，孩子上网成瘾的原因，主要是家长的教育方法出了问题，上网成瘾孩子的家庭教育不够健康，亲子沟通缺失，亲子关系错位。其责任大多在于父母的教育方法不当，忽略孩子的人格培养。

此外，学校应试教育往往排斥、歧视“问题”孩子，加上一些社会不良文化影响，心智还不成熟的青少年沾上不健康的网络文化就很容易成瘾。

帮助网瘾孩子的关键是心灵沟通，训责式的说教和强制性做法，常常适得其反。只能用真诚、耐心的心灵沟通，逐步解开孩子心中的“结”，让他们认识到电脑网络主要作为工具使用，不然就是自毁前程。与孩子交谈时，态度要像朋友式坦诚。

专家指出，亲情淡漠、家庭教育缺失、沉迷网络不能自拔，使网瘾孩子形成内向、孤僻甚至暴力的性格，这可能是导致这起弑父悲剧的原因之一。

孩子上网成瘾时，做家长的千万不要焦虑，不要指责，不要烦躁，要学会用心沟通，寻求心理干预来逐步化解。用科学的方法把孩子向上的心激发出来，让孩子有健康的追求和理想，从而脱离网瘾。

文化、公安等部门应组成联合执法专班进行整顿，要求网吧管理做到实名刷卡、登记，留存上网信息，实行视频监控，零点断线，采取安全技术措施等，特别是针对农村乡镇这样的网吧新兴的地方，网络监管更要长期不懈，严格规范地开展实施。

第五章　有关留守儿童的青春期教育

一、对留守儿童进行青春期生理卫生教育

青春期：是青春发育期的简称，是由儿童发育到成年人的过渡时期，即处在从第二性征出现到身体发育停止的年龄阶段。由于人体发育受多种因素的影响，因此，开始发育和发育结束的时间便参差不齐，进入青春期的年龄随着环境、气候、生活条件的不同而不同。世界卫生组织（WHO）对青春期的年龄范围规定为10～20岁，我国一般将青春期的年龄范围定为11～18岁。青春期分为三期：青春早期，大约女孩从10岁开始，男孩从12岁开始，表现为生长突增；青春中期，表现为男女孩的第二性征发育，女孩月经初潮，这是女孩发育的显著标志；青春晚期，生长发育稍缓慢，此时性发育成熟，第二性征发育如成人，体格发育逐步完成，最后发育达到成人水平。每期约持续2～4年。女孩开始青春期发育的年龄比男孩约早2年。年龄：男孩13～14岁到18～20岁；女孩11～13岁到17～18岁。

1. 第一性征（主性征）：指男、女生殖器本身的差别。第二性征（副性征）：是指除生殖器以外的男女特有的特征。男性：长胡须，喉结突出，声调低沉，肌肉发达，体毛较多，腋毛和生殖器四周长出体毛（阴毛）。女孩第二性征有四大显著特征：一是乳房隆起，二是臀部突出，三是皮肤变得细腻、光滑、柔软，体态丰满，四是音调开始变高，嗓音逐渐变得圆润。

2. 青春期的三个阶段

早期：生长突增阶段，第二性征开始出现。

中期：以第二性征迅速发育为特点，多数已出现首次遗精。

晚期：性腺发育基本成熟，第二性征发育完成，骨骺趋向完全愈合，体

格发育逐渐停止。由于气候、体质、遗传、营养等因素的影响，青春期的年龄也不尽相同，稍有出入。

3. 青春期总的特点

（1）体格生长加速，出现第二次生长突增：身高突增，体重显著增加。

（2）各内脏器官体积增大，功能日趋成熟；肺活量显著增大，心脏急剧发育，大脑处于智力发展的黄金时期。

（3）内分泌系统功能活跃，与生长发育有关的激素分泌明显增加。

（4）生殖系统发育骤然增快，到青春期结束时具有生殖功能。

（5）第二性征发育使得男女两性在形态方面差别更为明显。

（6）在体格及功能迅速发育的同时，也产生了剧烈的心理变化，容易出现心理卫生问题。

男生青春期的生理卫生（卫生保健）。

1. 性器官的发育（性器官指睾丸、阴茎、阴囊、龟头）。男孩子在小学三年级之前（约9岁以前），睾丸体积较小，长度小于2.5cm。阴茎和阴囊仍处于幼儿型。进入四年级、五年级（大约9～11岁期间），睾丸长度开始有所增加，阴茎增大，阴囊的皮松落，带红色。在阴茎根部及耻骨部有短小、颜色淡而且较细软的阴毛出现。到六年级以后，睾丸开始变厚、增重、加长，阴茎和阴囊增大，阴毛增长，颜色转黑，稍硬而且稠密。睾丸增大是男性青春发育开始的信号。大约9.5～13.5岁之间，平均11.5岁。约半年至1年后，阴茎开始增大，阴茎突增的年龄平均12.5岁。在青春期前，阴茎长度一般小于5cm，至青春期末可达到12.4cm。睾丸的主要功能是产生精子和雄激素。精子离开睾丸后，在附睾内停留约21天，继续发育成熟，与迅速发育的精囊所产生的精囊液、前列腺产生的前列腺液等混合，形成精液。精液在体内积累到一定量，就会溢出来产生遗精。所以，遗精是青春期发育后男性的正常生理现象。首次遗精的发生年龄在12～18岁，平均为15.6岁。多出现在夏季，多发生在睡眠中。有些男孩因毫无心理准备，常会出现恐惧。有些可能表现为惊慌失措，有的甚至以为自己患了疾病，由于羞于启齿而无处求助。

2. 第二性征的发育。主要表现在阴毛、腋毛、胡须、变声、喉结出现等方面。阴毛开始发育的年龄有很大的个体差异，一般在 11 岁左右开始出现。约 1 ~2 年后腋毛也开始出现，胡须也随之萌出。13 岁左右声音逐渐变粗，约至 18 岁时完成发育。此外，值得注意的是，男孩中会有 1/3 ~ 1/2 的人出现乳房发育，经常先有一侧乳头突起，乳晕下可触及硬块及轻微的胀痛。一般在半年左右自行消退，属正常现象。

3. 外生殖器的保护。男孩的整个外生殖器，包括阴茎和阴囊，都是身体重要的组成部位。睾丸对外界压力十分敏感，即使是用很小的劲捏一下，也会疼痛得难以忍受。阴茎由海绵体组成，其中分布有丰富的血管，并且龟头表面密布感觉神经末梢。阴茎和阴囊对机械刺激都很敏感，应注意避免碰撞、摆弄捏玩。正是由于男孩外生殖器构造有以上特点，所以要注意保护自己的外生殖器。每晚用干净的温水清洗，勤换内裤。洗澡时要将包皮翻过来用水冲洗干净。如不注意保持清洁，积垢刺激会引起炎症，严重可能影响排尿。

4. 遗精的处理。进入青春期后，睾丸中的精子开始发育，逐渐成熟。前列腺和精囊等分泌精浆，两者形成精液。达到一定量后就会从阴茎里流出来，这就叫遗精。多发生于夜晚睡眠中。第一次遗精后，男孩在生理上算得上是个成熟的男人了。(遗精是一种正常的生理现象，应消除不必要的紧张、焦虑心理）有时在睡梦时偶尔会有精液流出来，称为“梦遗”，量不是很多，但男孩通常会醒来。一般每月有 1 ~2 次遗精，是属正常的生理现象，应消除不必要的紧张和焦虑心理。平时备一条小毛巾，如夜里“有情况”不要大惊小怪，遗精时可用来擦拭干净。内裤宜用软质布料，不宜太紧，避免刺激。睡时被窝内不宜过暖、过重，最好侧睡。

女生青春期的生理卫生。

1. 乳房的发育。通常将乳房的发育分为五个不同的阶段。

第一阶段：童年时，乳房是扁平的，胸部平坦，只有乳头突起。

第二阶段：乳房萌芽。乳腺和脂肪组织形成一个纽扣大小的隆起，乳头开始变大，乳晕扩展形成乳晕肿。乳头和乳晕颜色加深。

第三阶段：乳房和乳晕开始发育。此时乳头及乳晕肿下乳腺管向外突出，乳房会比以前更圆。乳晕的范围更宽广，颜色更深。在这个时期，乳头周围出现胀疼的硬块，如果不小心碰一下，乳头部位就会疼痛。此时为乳晕期，乳房呈锥形。

第四阶段：乳头和乳晕从乳房上微微突出，胸部隆起已依稀可见，乳房逐渐呈半球状。

第五阶段：乳头、乳晕与乳房其他部位发育成完全成熟的乳房的形状。乳房丰满，乳头上出现小孔，便于以后排乳汁。

乳房的发育因人而异，发育速度、发育大小、发育早晚人人不同。青春期的乳房发育标志着少女开始成熟，是正常的生理现象。隆起的乳房也体现了女性体形所特有的曲线美，更重要的是为日后哺乳准备了条件。因此，女生要学习正确的乳房保健知识，克服羞怯心理，把胸部挺起来，展示自己充满自信的笑脸。

适时穿戴合适的胸罩对保护和支托乳房十分重要。至于什么时候开始戴胸罩，要根据自己的情况而定。一般而言，穿戴胸罩的最好时机应是当自己感觉需要时。如在运动过程中乳房使你不太舒服时，你就可以穿戴胸罩。当你感到自己的胸部成为别人关注焦点时，你最好开始戴胸罩。或当班上的大部分女孩都已穿戴胸罩，而你不想被人看成异类时，你也可以选择胸罩。少女大约在 15 岁左右乳房发育基本定型，此时应及时穿戴胸罩。

乳房的卫生：青春期少女由于内分泌的原因，在月经周期的前后，可能有乳房胀痛、乳头痛痒的现象，这时千万不要随意挤弄乳房，抠剔乳头，以免造成破口，发生感染。要经常清洗乳房，特别是乳晕、乳头部位，以保持清洁卫生。

2. 少女束腰的危害：在青春期，一些少女为了让自己的腰变得纤细，习惯把腰带勒得紧紧的，认为腰带束得越紧，腰身就会变得越纤细，就越能显得苗条。其实束腰过紧不仅不能显示美，反而会影响少女的正常发育，甚至会带来某些意想不到的疾病，严重影响健康。少女应了解束腰的危害。

(1) 阻碍血液循环。紧束的腰带会压迫腹主动脉及下腔静脉，把人体的血液循环拦腰阻隔为上下两部分，使心脏在收缩时的负荷增加，静脉血回流受阻。脑、心、肺、肝、肾等重要脏器长期供血不足，会影响少女的生长发育，导致记忆力低下，学习成绩差，成年后易患高血压、冠心病、心力衰竭及提早患老年痴呆等疾病。

(2) 导致呼吸不畅，使全身各脏器和组织长期供氧不足，影响生长发育和大脑功能，导致经常头昏、头痛，并易患呼吸道感染及肺炎等疾病。

(3) 引起消化不良。紧束腰部会使胃的扩张受到限制，影响进食量。同时肝脾受压，妨碍血液流通，影响整个腹腔内脏器官的功能。束腰过紧还会影响胃肠的蠕动，使消化功能减弱。久而久之，容易发生营养不良，引起腹胀、消化不良、食欲下降及慢性胃炎、便秘等疾病。

(4) 引起腰部疼痛。束腰压迫腰部血管，使腰部肌肉组织得不到充足供血，同时束腰影响腰部深处脊椎的弯曲和活动，使腰部过度疲劳而产生腰部疼痛。

(5) 损害泌尿功能。膀胱受挤压后，易造成尿液失控，膀胱与尿道位置变直，使细菌沿尿道而上，发生“逆行性感染”，引发膀胱炎、尿道炎。

(6) 留下不孕和子宫脱垂的后患。青春期的少女束腰后，子宫因供血不足而发育迟缓，甚至停止发育，成为“幼稚型子宫”。因腰腹受压，盆腔淤血，容易形成盆腔淤血综合征，导致生殖系统感染及盆腔炎。

3. 认识月经。女性性成熟是以每月规律性排卵为标志的。这种规律性的排卵表现为月经有规律地来潮。月经的形成与卵巢及子宫的周期性变化有密切的关系。女性从青春发育期开始，子宫内膜在卵巢所分泌激素的作用下发生周期性变化，最显著的就是子宫内膜周期性地脱落出血，这种周期性的变化，叫做月经周期。第一次月经来潮叫月经初潮。月经初潮一般在 12 ~ 18 岁之间，常受环境的影响而不同，如生活条件好，身体发育快的初潮早；又如地区、纬度的影响——热带地区的初潮早，寒带地区的初潮迟；再如营养条件好，身体健康的初潮早……在我国，从总体上看，城市女孩的初潮年龄早于乡村女孩。即使在同一班级的女生，月经初潮的年龄也有很大的差异。但需要指出的是：如果 18 岁左右仍没有月经，你最好去医院妇科做些检查。

月经是女孩生理发育到一定程度时自动出现的，不受人的意志控制，是自然的生理现象。通常把从月经的第一天起到下一次月经来临的前一天止称为一个月经周期。月经周期平均约为 28 天，一般在 21 ~ 35 天内均属正常。女孩子还会发现自己的月经并不规律，有时每月都出现，有时两三个月没有动静，经血量也时多时少。这是因为在青春发育期，女孩的卵巢和子宫功能尚不平衡，所以在初潮后的几年里，月经周期不规律是正常的。转学、迁居、旅游或考试等生活变化及情绪改变都会影响月经周期的长短和经血量。即使到了成年，月经周期的长短也会因人而异。

月经初潮的先兆：如果你发现身体有以下改变，就表示初潮很快就会来到。乳房的发育进入第二阶段以后。体重和身高突然增加。腋毛及生殖器附近的阴毛长出。内裤上有一些白色分泌物，俗称白带。初潮通常只是有一点点经血流到内裤上，颜色不一定是鲜红色，也可能是咖啡色。

正常月经的出血量：月经期约为 3 ~ 5 天，即月经周期的第 1 ~ 5 天。一般在经期内的第二天或第三天出血量较多。每次月经的出血量一般为 50 毫升左右，约为 4 ~ 8 汤勺。这样的经血不足以令女性产生贫血，只需保持营养均衡的饮食即可。初潮过早或过迟的女孩较初潮年龄正常者（13 ~ 15 岁初潮者），月经血量要多一些。月经血与我们受伤时所流的血液是不一样的，除少部分是血液以外，大部分是脱落的子宫内膜。它比一般的血液浓稠，一般呈暗红色，黏稠无血块，内混有子宫内膜碎片和黏液，略有血腥味。

在月经周期，适当地出血，对于冲洗子宫坏死组织和保证功能层的修复具有重要意义。当然，因子宫内膜脱落而造成创面，容易感染病菌，所以要注意月经期的保健卫生。

4. 月经期的自我保健。行经期，女孩的子宫内膜脱落造成子宫内壁暂时性地出现大面积创面，加上女性阴道口至宫颈口的距离只有8～10厘米，体外的细菌很容易通过阴道进入子宫，引起感染。另外，月经本身会带来身心的不适，所以要学会在行经期保护自己。月经期我们要做好以下几点：

（1）要注意经期时的内裤等物品的洁净，内裤常换洗；注意外阴部的清洁卫生，外阴部常清洗；月经用品要干净、要专用，以防经期感染；不要在浴盆里坐浴或使用公共浴盆，以避免细菌的感染。另外，穿棉织品的内裤，使会阴部透气性良好，以保持会阴部的清洁和干燥。

（2）注意保暖，避免受凉。在月经期下半身受凉会降低身体抵抗力，导致伤风感冒。因经期抵抗力弱，盆腔本来充血，受冷刺激后，会引起盆腔内血管收缩而发生月经减少，甚至突然停止，导致月经异常、痛经、闭经等疾病的发生。因此，经期要做到不淋雨，不用冷水洗澡、洗头、洗脚，不涉水、游泳、下水，不坐在阴凉潮湿的地上等，要注意保暖。

（3）保证充分的睡眠和均衡的营养。一般来说，女孩在行经期会比平时更容易疲劳、困倦，有人还会头痛。这是由于女性的体力随着月经周期呈周期性的变化。月经来潮前8～9天，体力逐渐上升，直到月经来潮前1～3天，体力达到高峰；月经来潮后体力急剧下降；到月经结束后体力逐渐恢复。知道了这个规律，月经期间就不要过分劳累，要保证充分的睡眠和适当的休息。

在经期还要注意饮食卫生，多吃营养丰富、易消化的食物，少吃辛、冷、酸、辣等刺激性食物，多吃水果、蔬菜，以保持大便畅通，减少盆腔充血。还要多喝开水，夏季尽量少喝冷饮，增加排尿次数，预防炎症的发生。

（4）保持心情的愉快。多数女孩在行经期会感到不同程度的身体不适，腰腹部酸痛，情绪变化异常，易烦躁发怒、焦虑不安、精神紧张、缺乏自信等，常为一点小事情发脾气，情绪极不稳定。因此，保持乐观而稳定的情绪显得尤为重要。应避免由于经期情绪不稳定或强烈的情绪冲突而影响大脑皮层的调节功能，引起月经不调。

（5）避免过度劳累。要避免过重的体力劳动和剧烈的体育运动，但可参加适量的、轻微的运动和劳动，以促进盆腔的血液循环，缓解月经期间身体不适和下腹疼痛等现象。要避免剧烈的体育运动。避免参加跳高、跳远、投掷、百米赛跑、踢足球等运动，也不宜进行俯卧撑、举哑铃等增加腹部压力的力量性训练。因为有的人剧烈运动会使血液循环加快，血流速度比安静时快几倍，从而增加子宫内膜充血，造成月经过多，经期过长；有的人剧烈运动可能造成神经系统过分紧张，影响性腺分泌，使月经量减少，甚至闭经。

（6）不能参加水中运动。女性在月经期子宫内膜脱落，子宫内形成了创面，参加游泳等水上运动就易使水从阴道进入子宫，引起感染。另外，女性在月经期间对寒冷较为敏感，特别是下腹部，可能因为受寒冷刺激而使腹部血管突然收缩，使月经减少或停止，造成月经失调（同理，不吃、喝冰镇的东西，不洗凉水澡）。

二、留守儿童青春期早恋问题

【案例介绍一】青春期早恋，动怒解决不了问题[①]

前不久，一直在家照顾女儿的奶奶给在外工作的儿媳妇打电话，说孙女早恋了，好话歹话都听不进去。儿媳妇气冲冲地请假回家，一位邻居告诉她，曾看见她的女儿和一个男生在大街上手牵手，行为非常亲密。儿媳意识到问题的严重性，她开始苦口婆心地劝女儿不要过早陷入恋情，并举了种种严重的危害性，比如，影响学习，影响以后的人生路。可女儿并不听她的劝告，还笑她观念落伍。

---

① 李少聪．农村留守儿童心理及行为问题疏导［M］．西安．第四军医大学出版社．2011. 169.

儿媳不顾老人的劝阻，愤怒之中动手打了女儿。结果问题不但没有解决，母女俩的关系反而陷入僵局。儿媳后悔自己没有发现女儿的早恋，也非常懊恼自己在处理女儿早恋问题上有些过激，因为女儿现在不和她说话了。

【案例介绍二】 青春期早恋，理解和信任很重要①

张东健和妻子常年忙于工作，很少陪在儿子身边。上初二的儿子，前段时间跟他说不想在这个学校读书了，想转学。张东健很纳闷，问原因，孩子又不肯说。不得已他去学校了解情况，老师告诉他，孩子有早恋倾向，并且受到了一点打击。原来，孩子半年前就对班里的一个女生有好感，开始两人的关系进行得还比较顺利，后来这个女孩移情别的男孩了，班上有好事的同学讽刺了他儿子几句，儿子很受打击，导致其产生厌学心理。

弄清楚事情原因后，张东健很气愤。夫妻俩为了儿子没日没夜地工作，儿子竟然不好好学习，还早恋。张东健真想狠狠地揍儿子一顿，可是理智告诉他不能再刺激孩子了。张东健心平气和地走进孩子的房间，以朋友的身份和孩子聊天，没有批评、没有指责。儿子渐渐打开心扉，在理解与信任中，互相谈了各自对早恋的看法。很幸运，经过那次谈话，张东健的儿子不再提转学的事了，老师也常常安排他多参加集体活动，一场青春期的烦恼渐渐远去。

【专家支招】

面对孩子的早恋问题，家长的强硬态度只会增加孩子的困扰，还可能做出过激的行为。作为家长，想让孩子跳出来，就要细心洞察孩子的内心情感，耐心地倾听孩子的诉说，并给孩子以热情、严肃的忠告。那么家长应该用什么方法来处理好这件事呢？

---

① 李少聪．农村留守儿童心理及行为问题疏导［M］．西安．第四军医大学出版社．2011. 170.

1. 家长要正视早恋现象。孩子进入青春期，对异性产生好感，愿意和异性交往，是很正常的事，是人类情感的自然流露。当发现孩子有早恋现象时，家长一定要保持理性，冷静地分析，宽容地对待。一定要肯定孩子的感情，并表示出应有的尊重。此时，家长应该摈弃一些空洞的大道理，以免造成孩子理解错误，加重孩子的心理负担。在合适的条件下，家长可以向孩子讲一些关于早恋的典型事例，让孩子明白，人类正常的感情是伟大的，但过早采摘的果子是酸涩的。

2. 积极与孩子交流沟通。对早恋的孩子，家长应该多一些理解、多一份体贴，绝对不能强行干涉，更不能扣“大帽子”、施加压力。家长要以关怀爱护的姿态亲近孩子、帮助孩子，告诉他早恋的害处，教孩子学会区分友谊与爱情，使孩子对恋爱、婚姻有更进一步的认识，引导孩子正确地对待和处理关系自己终身幸福的大事。

3. 阻止孩子早恋要讲究方法。处理孩子早恋的问题，家长切忌态度粗暴、方法简单。家长不能用讥讽、责骂甚至惩罚的方式来对待孩子，不要偷看孩子的信件、跟踪监视孩子，更不要到学校或对方家中吵闹，弄得满城风雨。帮助孩子走出早恋的误区，需要一定的时间，家长千万别操之过急。家长可以鼓励孩子积极参加对身心健康有益的活动，以转移其注意力；可以帮助孩子培养个人爱好，如集邮、画画等，使其课余生活充满情趣、充满快乐。这样，也许可以使早恋的情感减弱。也可以采取与孩子谈心的方式，让孩子主动说出自己的真实想法，然后找到孩子早恋的根源，比如是朦朦胧胧地跟着感觉走，是家庭中缺少关爱，还是学习压力大，家长只有真正了解了孩子的内心世界，才能帮助孩子摆脱早恋的烦恼。

一定要善待孩子的感情。面对懵懂的初恋，孩子更多的是无所适从、不知所措。家长应该理解孩子的无助，正确地分析孩子的感情，听听孩子自己的想法，从而有针对性地加以疏导，帮助孩子把精力转移到更加有意义的事情上，树立正确的人生观、价值观。

总之，一旦孩子早恋，作为家长，切不可一味地指责和辱骂，以免激怒孩子，使其逆反。处于人格形成过程中的孩子格外需要正向情感，父母应该和风细雨般的给予指导，帮助孩子早日走出早恋误区。

第三编　留守儿童的心理问题疏导

目前，我国农村留守儿童接近5800万，这个数字仍在逐年增加，已经形成一个需要予以高度重视的群体。据调查显示，农村儿童的心理障碍检出率高达19.8%，差不多每5个孩子中就有一个存在心理问题或行为异常。另一项调查显示，有55.5%的留守儿童表现为任性、冷漠、内向、孤独等性格特征。如果这些心理问题不能得到及时的解决，不仅会对留守儿童造成心理伤害，带来不稳定因素，也会给和谐社会构建带来隐患，这无疑是一个值得深思与亟待解决的问题。

为了使儿童能充分、和谐地发展其个性和形成健康的心理，儿童应在一个充满快乐、爱和了解的家庭环境中成长。农村留守儿童由于缺少家庭的亲情关怀，常年难与父母生活在一起，寄养在亲戚家里或由他人代管，或同爷爷、奶奶等长辈生活在一起。据有关调查显示，心理健康和人格发展问题是留守儿童最容易出现的问题，也是最突出的问题。由于留守孩子缺乏与父母沟通交流的机会，存在严重的“亲情饥渴”，而其他监护人替代不了父母应该履行的完整的监护职责。所以留守孩子在遇到成功、失败、进步、忧郁、悲愤、孤寂等不同情形时，没有自己信赖的长辈可以倾诉和指导，往往只能自己处理。尤其当他们遭遇挫折时，他们不愿意与监护人交流，在心理、性格上很容易走上极端，往往易产生焦虑、烦躁、悲观、疑虑、自卑、孤僻等一系列的消极情绪。

留守儿童问题已不是单纯的教育问题，而是已经发展成为严重的社会问题。对留守儿童的心理问题进行深入的研究，积极探讨留守儿童心理问题产生的原因，寻求对留守儿童有效的教育对策，为留守儿童营造一个良好的生活环境，改善他们存在的不良心理，帮助留守儿童重建自信心，树立良好的人生观和价值观，使其身心能够积极健康的发展，成为一个健康的社会人。

第一章　留守儿童产生自卑心理怎么办

【案例介绍】亲情饥渴，导致自卑[①]

小兵，小学二年级，父母双方都在广州做生意，与爷爷生活在一起，衣食住行由爷爷照料。当放学时，别的孩子欢呼着跑到父母的跟前，可他没有；周末，别的孩子在父母的陪同下，逛街、游公园，可他没有；当身体不舒服、生病时，别的孩子的父母在床前问寒问暖，可他没有。爷爷虽然疼他、爱他，但他却经常想他的爸爸妈妈。他是多么想让爸爸背背他，和他一起做游戏；或者是躺在妈妈的怀里，听妈妈给他讲动听的故事；他好想让爸爸妈妈牵着他的手，陪着他一起逛街、游公园。可是他连一年里见一次爸爸妈妈都很难，更不用说让他们陪自己一起玩了。有时候小兵的同学还会取笑他，说他是没有爸爸妈妈的孩子。于是小兵渐渐地变得不爱说话，不喜欢和小朋友们一起玩，他总感觉自己是一个爸爸妈妈不喜欢的孩子，要不他们为什么一点也不关心自己呢？由于得不到父母的疼爱，久而久之，小兵便产生一种自卑的心理，走路喜欢低着头，不敢正视他人，说话也小心翼翼的，就像一个害羞的小姑娘。他没有要好的伙伴，不和同学们说话，也不爱和小伙伴们做游戏，同学们也都不喜欢他。小兵觉得自己好孤单，生活好没意思啊！

【专家分析】

留守儿童产生自卑等心理问题的原因如下：

1. 家庭的影响。家庭是儿童成长的第一课堂，父母是儿童最亲最近的人，

① 庄明．农村留守儿童安全教育［M］．成都．天地出版社，2008. 114.

他们遇到问题、烦恼的时候渴望父亲的帮助、母亲的疼爱、家庭的温馨。但在这个需要父母精心呵护的年龄里，他们的基本被爱的需求却得不到满足，由此产生一种父爱、母爱的缺失感。这是导致自卑心理产生的第一大原因。父母在儿童成长的每一个阶段，都扮演着不可替代的角色，没有这个关键性的角色，就不利于孩子的成长。基本需要得不到满足，会使他们从心理上产生一种无助感、被遗弃感，因此导致了他们对什么都提不起兴趣，就会选择自我封闭，不与人交流。长期以来交际能力越来越差，问题憋在心里慢慢堆积成疾，变得抑郁、自卑。

2. 学校的影响。首先，留守儿童主要在农村，而乡村的办学条件和师资力量比较有限，一个班上少说也有五六十人，老师没法时刻关注到每一个学生。其次，孩子们都受传统观念的影响，与老师不能正常平等的交流，不能对老师敞开心扉，自然不能对老师说出心中的苦闷。最后，专门开设心理课程的情况很少甚至没有，即使开设，也缺乏专门的心理教师。学校很少组织儿童参加有关心理健康方面的讲座、交流会等。

3. 社会的影响。留守儿童生活在学校、社会这个大家庭中，各种行为的发生与社会密切相关，来自社会的一些压力无形中会给孩子带来影响，譬如拮据的家庭条件。留守儿童由于远离父母，本来就很伤心，加上周围同学的嘲笑：放学没有家长接，儿童节没有家长陪伴，说他们是没有父母爱的孩子等，这更使其产生一种被抛弃的感觉，由此，更加沮丧、消极，自己看不起自己，产生自卑，最终不仅影响心理健康，还对学习产生不利影响。

【专家支招】

对于已经产生自卑心理的留守儿童，我们要让他们用实际行动建立自信，征服畏惧，战胜自卑，不能夸夸其谈，止于幻想，而必须付诸实践，见于行动。建立自信最快、最有效的方法，就是去做自己害怕的事，直到获得成功。

1. 突出自己，挑前面的位子坐。在班级的课堂上和学校组织的集体活动中，自卑的孩子总是坐后面的座位，希望自己不会“太显眼”，而他们怕受人注目的原因就是缺乏信心。然而坐在前面能建立信心。留守儿童要敢为人先，敢上人前，敢于将自己置于众目睽睽之下，就必须有足够的勇气和胆量。久之，这种行为就成了习惯，自卑也就在潜移默化中变为自信。

另外，坐在显眼的位置，就会放大自己在同学及老师视野中的比例，增强反复出现的频率，起到强化自己的作用。试试看，从现在开始就尽量往前坐。虽然坐前面会比较显眼，但要记住，有关成功的一切都是显眼的。

2. 睁大眼睛，正视别人。眼睛是心灵的窗口，一个人的眼神可以折射出性格，透露出情感，传递出微妙的信息。有些孩子不敢正视别人，意味着自卑、胆怯、恐惧；躲避别人的眼神，生怕被其他同学嘲笑、说闲话。正视别人等于告诉对方：“我是诚实的，光明正大的；我非常非常尊重你，喜欢你。”因此，自卑的孩子要敢于正视别人，这是积极心态的反映，是自信的象征，更是个人魅力的展示。

3. 昂首挺胸，快步行走。孩子行走的姿势、步伐与其心理状态有一定关系。懒散的姿势、缓慢的步伐是情绪低落的表现，是对自己、对同学以及对学习不愉快感受的反映。尤其是自卑的、受打击、被排斥的孩子，走路都拖拖拉拉，缺乏自信。反过来，通过改变行走的姿势与速度，有助于自信心的树立。要表现出超凡的信心，走起路来应比一般人快。将走路速度加快，就仿佛告诉整个世界：“我要到一个重要的地方，去做很重要的事情。”步伐轻快敏捷，身姿昂首挺胸，会给人带来明朗的心境，会使自卑逃遁，自信滋生。

4. 练习当众发言。自卑的孩子在班级里，在同学和老师面前当众发言，需要巨大的勇气和胆量，但这是培养和锻炼自信的重要途径。好多讨论和问题，他们不是不会、不是不想参与，而是缺乏自信。他们可能认为：“我的回答可能没有价值，如果说出来，别人可能会觉得很愚蠢，我最好什么也别说，而且，其他人可能都比我懂得多，我并不想让他们知道我是这么无知。”每次的沉默寡言，都是又中了一次缺乏信心的毒素，他会越来越丧失自信。

从积极的角度来看，如果尽量发言，就会增加信心。不论是什么课堂什么提问，每次都要主动发言。有许多原本木讷或有口吃的人，都是通过练习当众讲话而变得自信起来的，因此自卑的孩子们必须要强迫自己开口，突破自己的语言障碍。

5. 学会微笑。大部分人都知道笑能给人自信，它是医治信心不足的良药。但是仍有许多孩子不相信这一套，因为在他们恐惧时，从不试着笑一下。真正的笑不但能治愈自己的不良情绪，还能马上化解周边同学的敌对情绪。如果你真诚地向一个人展颜微笑，他就会对你产生好感，这种好感足以使你充满自信。所以无论遇到什么挫折，什么不愉悦，试着让自己微笑，对别人微笑，一切都会阳光明媚，雨过天晴的。

如果发现自己的孩子已经有了一定程度的自卑心理，做父母的应该怎么办呢?

1. 父母要引导和教育孩子对自己进行积极、正确、客观的评价，并且认识到任何人都有自己的长处，也都会有短处或不足。要相信并发扬自己的长处，弥补自己的短处。

2. 要教育孩子正确对待他人对自己的评价和期望。告诉孩子，有时社会评价一个人不一定是正确的，但需要个人正确地对待。比如，牛顿、爱迪生和爱因斯坦小时候都曾被人们称为“笨”孩子，可是他们后来都成了伟大的科学家。

3. 要帮助孩子认识到自己在学习过程中的一些成功经验，因为成功的经验越多，孩子的自信心也就越强。孩子对自己的能力往往认识不足，有时可能会做一些力所不能及的事情而导致失败，由此产生自卑心理。父母要引导孩子量力而行，父母对孩子的要求也应符合其身心发展特点。

4. 既要锻炼孩子坚强的意志品质，使失败和挫折变为激励自己前进的动力，又要注意培养孩子的自信心和自尊心。要让孩子具备别人能做到，自己也能做到的积极向上的心理品质。

第二章　留守儿童焦虑、抑郁了怎么办

【案例介绍一】12 岁孩子患上抑郁症[①]

小文，12 岁，因父母外出打工无人照顾，寄居在一远房亲戚家，父母的离开使小文倍感孤独，而与亲戚家人相处不好，又使小文感到十分的压抑，这种寄人篱下的感觉时刻折磨着她，她无时无刻不在盼望着父母的归来。她在一封给父母的信中写道："爸爸妈妈，我很想念你们，我什么都不想要，我只想和你们在一起。"面对女儿的哭诉，父母虽然心疼但也无能为力，只能安慰女儿一旦过节放假马上回来看她。于是小文开始盼望过节，一心以为只要到了那一天就能看到爸爸妈妈。但恨死今年春节，因为车票紧张，小文的父母没能买到回家的火车票，只能放弃回来看望女儿的计划。在得知这一消息的瞬间，小文所有的期盼化为泡影，最后的心理防线也瞬间崩溃，在痛哭了一夜后，小文整个人都变了。她变得沉默寡言，整天把自己关在房间里发呆，什么都不做，跟她说话，她只会回答一句："我爸爸妈妈不要我了"，亲戚感觉到她不对劲，带她到医院检查，发现小文已患上了抑郁症。

【案例介绍二】学习成绩下滑导致焦虑、抑郁[②]

张怀以优异的成绩进入重点初中，然而开始的两次考试不尽如人意，都只排到班级的 40 多名。这让一向优秀的他无法接受，觉得无法面对朋友、欣赏他的老师和关怀他的父母。于是，越想情绪越激动，感觉到焦虑、忧

---

① 庄明．农村留守儿童安全教育［M］．成都．天地出版社，2008. 110.

② 李少聪．农村留守儿童心理及行为问题疏导［M］．西安．第四军医大学出版社．2011. 75.

郁，渐渐对集体活动开始失去兴趣，还经常对同学发无名火，上课也无法集中精力。在一次与父母的交谈中，张怀的焦虑终于爆发了，大摔东西，失声大哭，家长感觉到事情不妙，带儿子到医院检查，医生说患上了轻度的焦虑抑郁症。

【专家分析】

儿童抑郁症是起病于儿童或青少年期的以情绪低落为主要表现的一类精神障碍。在10岁以前男女患病比例相似，以后随年龄的增加，女性患病率逐渐增加接近男女比1:2。家庭因素是导致儿童青少年抑郁的重要因素之一。有研究表明，儿童抑郁与母亲有关，而与父亲无关。对于家庭关系的研究均表明儿童青少年抑郁与父母婚姻关系破裂之间存在明显关系，女孩较男孩更容易受父母离异的困扰而出现抑郁，父母严厉惩罚、过度干涉和保护将导致或加重儿童和青少年的抑郁症状，而给以更多的关注理解和情感上的温暖，将能减轻儿童青少年的抑郁症状或减少患病概率。

留守儿童抑郁症的症状表现有哪些呢?

抑郁症不是只有成人会得的，留守儿童也是儿童抑郁症的多发人群，这其中原因有很多。抑郁症对孩子的成长和学习、生活都不利，及时把抑郁症控制在萌芽状态很重要，前提是先了解孩子是否得了抑郁症。下面看看抑郁症的孩子有哪些症状?

1. 心理表现

无缘无故地找碴儿、发病和出现大吵大闹的情绪，不是很调皮的孩子突然产生恶劣的行为，在日常生活中，家长可能以为这是孩子的叛逆心理和青春期的激素分泌多造成的问题，其实不全是，如果长期出现暴躁脾气，或者低落情绪、充满恐惧、抵抗情绪，爱好骤变、对事物缺乏兴趣，那么就要考虑是否为抑郁症了。

2. 生活行为表现

学习成绩下滑，喜欢独自一人来来往往，对很多的事情不再有浓厚的兴趣，对很多事情不再那么积极，觉得被人拒绝和讨厌，不爱说话，失眠，注意力不集中，不爱参加集体活动，则有可能是抑郁症。如果出现一阵子就消失，可能和孩子的心理有关，如果时间长超过两周，即可诊断为抑郁症。长期抑郁会有厌食、体重下降、强烈厌世、试图自杀等表现，这类重症抑郁儿童必须接受相应的治疗。

留守儿童抑郁症的发病原因是什么？

首先在面对这个问题之前，专家提醒家长不要过分担心，孩子患上抑郁症后，家长不应过于焦虑和紧张，而要认真分析造成孩子患病的原因，并针对这些原因改变教育方式，缓解孩子的焦虑情绪，必要时应及时求助心理医生。

儿童大脑尚未完全发育成熟的时期，对情绪的控制能力很弱，而且不稳定，但随着年龄的增长，外界环境对其情绪的影响会越来越强，他们的情感反应和情感需要也会越来越多。儿童只有与父母在一起才能得到情感的满足，长期离开父母，处于压抑和孤独的环境，缺乏关心和情感沟通，难免会产生抑郁情绪，这种情绪如果一直找不到一个有效的宣泄渠道，发展下去，严重的就会变成抑郁症。

1. 缺乏家庭温暖。由于长期与父母分离，缺乏父母之爱，与祖辈监护人或亲戚监护人之间存在不同程度的隔膜，不愿与其交谈，缺乏正常的情感交流和沟通，心里孤独、寂寞，感到压抑，因而情绪低落，郁郁寡欢，变得内向、沉默，常常一个人发呆，甚至会产生各种幻觉。

2. 缺乏自信。留守儿童多数家庭都很贫困，在家里或学校与别人相比，难免会觉得自己不论吃、穿、用，什么都不如别人，甚至自己相貌也不如别人，成绩也没别人好，所以感觉极度自卑，在生活或学习上缺乏自信。对老师的批评，同学的看法非常敏感，常常担心被别人嘲笑，对尚未发生的情况，产生过分的关注，并伴有无根据的烦恼。对日常一些微不足道的小事，也显得过分焦虑。而这种自卑通常既没有宣泄渠道，又没有解决途径，最后往往会变得自暴自弃，对周围一切都漠不关心，甚至悲观厌世。

3. 反复遭遇挫折。有的留守儿童自尊心极强，正因为父母不在身边，没人保护自己，就更希望自己坚强，自己保护自己，在各方面都争强好胜，不能忍受被人瞧不起，一旦遭遇挫折，心理承受能力差。此时若没有家长或老师的及时疏导，很容易变得患得患失，做事瞻前顾后，怕这怕那，进而心理压抑。

4. 有的家长、老师教育方式不当，对孩子过于苛求，只知"望子成龙"，过度地追求"高分数"、"高升学率"，搞"题海战术"等，教育内容过多，采用"填鸭式"的教学方法，使孩子负担太重，而不考虑这些要求是否超过了孩子智力发育水平。孩子慑于家长和老师的权威，整天处于紧张状态，久而久之，便导致了过度焦虑反应。

【专家支招】

1. 父母应经常保持与留守子女的联系，多打电话关心孩子的学习、生活，了解孩子的困难，多鼓励、安慰孩子，在孩子需要的时候尽量及时地给予建议和帮助。逢年过节应尽量回家看看孩子，让孩子切实体会到父母的爱并没有因距离变远而减少。而且在对待孩子的学习上也要因材施教，不要一味地追求高分数，要耐心地教育，让孩子理解做家长的一片心，发自内心地尽自己最大的努力去学习。

2. 监护人应更加关心留守孩子，这里的关心并不是指溺爱，而是要多与孩子沟通，留意孩子的变化，通过一起聊天或出游等方式与孩子做朋友，了解他们的想法，使他们不会因父母不在身边而觉得孤独、无助、没有依靠。另一方面，监护人也不能对孩子过于严厉，以免孩子产生逆反心理，要在孩子出现心理问题的时候及时给予疏导，以免积重难返。

3. 老师应鼓励留守学生多与他人交往，缓解因缺乏家庭温暖而带来的孤僻心理。多组织一些集体活动，鼓励他们参加，在活动中搭建一个平台，和其他同学多沟通、多交流。老师要更多地关爱留守学生，在学习、生活上对他们都要更加耐心、和蔼，做他们的知心朋友，开导他们把自己心里不愉快的事、小秘密说出来，或采取书信方式叙述，排解心中疑虑。

4. 让他们学会自我发泄、自我安慰、自我调节，充满自信，保持乐观积极的情绪。遇到烦恼，感到胸闷乏力、恐惧害怕、产生幻觉时，可以通过自我发泄，如站在山顶高喊，面对假设的对手、仇敌进行拳打脚踢、臭骂等来消除。或者遇事多从好的、积极方面想，开阔胸怀，笑对烦恼，进行自我安慰来保持乐观向上的情绪。再者，遇到困难，摆正心态，正确评价自己，正确对待成功与失败，正确看待得与失，通过坚强的意志力来保持一种平和心态。

儿童抑郁症的其他治疗方法有哪些？

1. 药物治疗

严重的抑郁症患者建议及时地配合药物心理治疗，不推荐西药，因其副作用比较大，治标不治本，多了解一些中药疗法。中药目前在临床上效果比较可靠，避免了西药的副作用和长期服用的药物依赖性。达到临床治愈标准的，可逐渐减药直至停药，无需长期服药，停药后，不再复发。鉴于此，中医疗法抑郁症治疗，以肝、脾为先，通过疏肝以利气，健脾以豁痰，养心以益气，在治本的同时消除致病因素“气结、痰迷、淤血”等，不但缓解情绪、消除躯体症状，而且清除了病根，达到了标本兼治的效果。

2. 心理治疗

心理治疗在儿童抑郁症中能起到重要的作用，常用的有支持性心理治疗、行为矫正治疗、认知治疗和家庭治疗。支持性心理治疗使用较普遍，治疗前要熟知患儿的情况，并建立起信任的关系，对患儿所表现的困惑、疑虑、恐惧不安、发脾气、冲动和痛苦给予充分的尊重、理解、同情，在此基础上劝导、鼓励、反复保证以减轻患儿的怀疑、恐怖、焦虑紧张和不安。

3. 食物疗法

一般认为，儿童抑郁症患者往往缺乏食欲，消化吸收差。而多吃含钙食物，可增进食欲，促进消化吸收，易使人保持愉快的情绪。因此，抑郁症患者宜多吃含钙食物。含钙食物有：黄豆及豆制品，牛奶、鱼、虾、红枣、柿子、韭菜、芹菜、蒜苗等。

某些食品会改变人的情绪，使人疲惫无力，精神抑郁，惊恐不安，而另一些食品则可以让人精神振奋起来。营养学家认为，氨基酸对振奋人的精神起着十分重要的作用。大脑必须利用氨基酸来制造某种神经传递素。神经传递素能把收到的信号从一个脑细胞传递到另一个脑细胞。

第三章　留守儿童产生逆反心理怎么办

【案例介绍一】改变说话方式，使孩子不再逆反

14 岁的强强喜欢溜直排轮，不喜欢电子琴。不过奶奶怕孩子受伤一直反对强强溜直排轮，经常用强硬的口吻说："强强，每天一定要练习一小时的电子琴，才能出去溜直排轮。"

于是祖孙俩为电子琴的抗争场面非常频繁，强强经常不管奶奶的强迫，偷偷跑出去溜直排轮。等到他回家，奶奶就开始唠叨。结果，强强对电子琴越来越反感，奶奶对强强越来越失望。

后来妈妈建议奶奶与孩子沟通，改变说话语气："电子琴可以训练强强静下来，溜直排轮可以让强强得到充分的运动，两个活动都是一个小时的时间，你可以选择先溜直排轮或者先弹电子琴。"之后，强强就很自觉地完成电子琴后再去溜直排轮了。①

【案例介绍二】老师开导、消除逆反

小亮读初中时，非常喜欢信息技术这门课，父母却简单粗暴地禁止他玩电脑，一味要求他放学回家必须做多少作业、多少遍练习，引起了小亮的不满。一想到家长在家不让他做自己想做的事情，他就有意不用功，让成绩一落千丈。明知这样做不对，小亮依然我行我素，他甚至喜欢看到父母生气、干着急的样子。升初三后，面临中招考试，在老师真诚得体的开导下，小亮才逐渐消除了逆反心理，恢复常态考上了市重点高中，并高一第二学期和同

---

① 李少聪．农村留守儿童心理及行为问题疏导［M］．西安．第四军医大学出版社．2011. 122.

学合作开发电脑软件，获得了省青少年科技创新奖。①

【专家分析】

逆反心理是青少年成长过程中的一种心理状态，在14～18岁的青少年中表现得尤其明显。在青春期这个成长过程中，青少年的性格开始逐渐独立，往往喜欢与父母或教师对抗，即使深知他们的想法是正确的，也是为了自己好，他们却故意违背父母或老师的意愿，只追求和父母、教师对抗时的快感，会忽略父母的感受，我行我素，看见父母生气、伤心自己反倒高兴。家长遇到这种情况往往心中忧虑，甚至不知所措。

逆反心理的产生有以下原因：

1. 不切实际地期望 。许多父母为了将来自己的孩子能够出人头地，往往不考虑他们的兴趣爱好，强迫孩子学这学那，硬让他们去做他们一时还难以做到的事情。这种拔苗助长的做法因为忽视了孩子们自身的素质和能力，往往结果适得其反，并且很容易引起孩子的对立情绪。

作为家长来说，不要提出过高的要求，应提一些比孩子的实际能力略高一点，让他们经过努力能完成任务的要求。这样，孩子成功后不仅能享受到喜悦还能增强自信心。

2. 对孩子过于严厉 。“不打不成材”的思想也许在有些父母的脑子里还依旧存在，他们时不时地讽刺、挖苦孩子，甚至动武打孩子的做法，无不伤害着孩子的自尊心，往往造成了不好的后果。

其实家长应该更多地理解、尊重孩子，把他们当成一个开始有独立意识的小伙伴，有事商量着来办，平等相待，循循善诱，以理服人，以情动人。千万不可以势压服。

3. 压抑孩子的好奇心。世界对于正处在生长发育阶段的孩子来说，是充

① 庄明．农村留守儿童安全教育［M］．成都．天地出版社，2008.118.

满神奇的。但许多大人们不理解孩子们的好奇、探索心理，认为这个是在瞎闹，有的还打骂孩子，这样就很容易引起孩子的不满情绪。

聪明的父母可以告诉孩子：你想知道的事情，我们也很想知道，你如果告诉爸爸妈妈，我们会想办法帮你解答问题的。这样，既满足了孩子的好奇心，又使他们懂得了不少道理。

4. 反复唠叨，喋喋不休。有些家长唯恐孩子不听他们的话，就会反反复复、唠唠叨叨地说个不停。试想让孩子们长期处于这种马拉松式的说教环境中，能不产生逆反心理吗？即使孩子知道家长说得有理，也不乐意听了。

因此父母在教育孩子时，必须要言不烦，并且尊重他们，留给他们情绪变换和思考的余地，孩子有了思想准备，就相对容易接受大人的意见。

【专家支招】

对于有逆反心理的留守儿童，父母或老师应该从以下几个方面入手进行帮助：

1. 父母要摆正自己的心态，既不要把孩子当成是自己的私有财产，要求孩子对自己的话言听计从，也不要把孩子作为实现自己梦想的替身，把大人的意愿强加给孩子，要孩子按照父母安排好的生活模式生活，而应该给孩子一定的生存空间，尊重孩子的选择与意愿。

2. 在孩子出现抵触情绪的时候，父母可以通过软处理、冷处理等方式，来避免矛盾的激化、化解矛盾。给相互一个反思，缓解的空间。

3. 父母对孩子应该充分尊重和信任，和孩子建立良好的伙伴关系，建立平等和谐的家庭氛围，让孩子乐意和父母沟通交流，把父母当成是知心的朋友，而不是认为父母跟他们之间天生就有代沟，难以理解他们，从而导致疏远。

4. 父母应该给孩子创造一个比较民主的家庭环境，有关家庭中的计划、安排、活动等都可以和孩子商量着来，让孩子参与讨论与决策，给孩子发言权，听听孩子的想法，使孩子真正享有主人翁的地位，这样孩子的积极性会很高，对父母的爱更深，抵触情绪也就少了。

5. 孩子的表现欲望很强烈，非常乐意帮父母做一些事情，他们觉得那样很光荣。所以父母对于孩子的这种积极性应该予以支持和保护，而不要觉得孩子做事是瞎捣乱、添麻烦，即使孩子做得不好，或彻底做错了，也要跟孩子一起分析做错的原因。孩子是在生活中慢慢长大的。

6. 父母在孩子受到挫折，或心情不愉快、受到委屈、遭到冷遇的时候，不要再去用一些话语或行为刺激孩子，要给孩子爱抚与帮助。然后选择适当的时候，耐心地帮孩子分析原因，找错误，鼓励指导，增加孩子的自信，让孩子觉得父母是最可以依靠的和信赖的。

7. 确定合理的、与孩子年龄相适应的限制，并坚持下去。同时要和孩子做好沟通，跟孩子讲明道理，让孩子真正地从思想上接受这些规矩限制。这样一方面孩子在主观意愿上不存在抵触情绪，可以自觉地遵照，同时这样也可以培养孩子的自制力和自我控制能力，对今后的学习生活都可以打下良好的基础。

8. 掌握一些进行教育的技巧：

（1）掌握儿童争强好胜的心理，利用逆反心理来激发他们。如有意识地说："你不会穿衣服，是不是?""你不会说礼貌用语，对不对?"用这类话来刺激他们，可以增强孩子的自信、自强、自立的能力。在碰到某一件事时，如能掌握分寸，有时效果比正面说教更好。

（2）一个唱"黑脸"，一个唱"白脸"。比如，有的孩子在睡觉前非要吃糖不可，其中一个家长扮演"黑脸"角色，表示坚决不允许，并对孩子的无理要求严厉训斥，当孩子因此而愤愤不平或委屈难忍时，扮演"白脸"的家长则采用安抚的态度，用和缓的口气对孩子好言像劝，并对"黑脸"坚持的态度和要求加以解释，说明利害关系，引导孩子理解"黑脸"的用意。这样既可以使孩子理解、服从"黑脸"的要求，实现一致的教育，又能使孩子不遭受挫折感，心灵不受伤害。

(3)“蹲”下来说话。家长和老师要学会“蹲”下来和儿童讲话，即使要批评孩子，也不能像有些老师那样大叫，我们要学会“蹲”下来，和孩子的眼睛齐高，然后轻轻地拍拍孩子的头和他讲道理，孩子自然会对老师的话听得很清楚，而且也很喜欢听。家长也要学会“蹲”下来说话，“蹲”不仅从空间上拉近了家长和孩子间的距离，而且从心理上使孩子和家长贴得更近。确实，“蹲”的好处是很多的，但也并不是时时、事事都要蹲下来，这是指一种尊重、民主、宽容的氛围，孩子的人格受到了尊重，一种积极的自我价值就在这一过程中日益增长了。

第四章 留守儿童产生孤僻心理怎么办

【案例介绍】不要洋娃娃、不要巧克力，只要爸爸妈妈

乐乐本来是个聪明懂事的小朋友，正如他的名字，每天都笑眯眯的，说话的声音也特别动听，爷爷常说孙女的声音就像小黄鹂一般。可是在乐乐6岁上小学的时候，爸爸妈妈就去城里打工了，乐乐常常很想他们，有时梦到他们，就喊。爷爷听到她喊就忙过来安慰她，爸爸妈妈全是为了乐乐过上更好的生活，在外地劳碌。乐乐说她不要那些洋娃娃，也不要巧克力，只要天天能看到爸爸妈妈。

【专家分析】

性情孤僻是3~7岁的儿童常见的心理障碍之一。据一些学者推算，我国目前有30万~50万儿童性情孤僻。对于长期缺乏父母关爱的留守儿童而言，形成孤僻性格的可能性更大。

孤僻即我们常说的不合群，不愿与他人保持正常关系、经常独处的心理状态。孤僻的人常有以下一些特点：喜欢把自己的内心封闭起来，办事喜欢特立独行，但也免不了为孤独、寂寞和空虚所困扰；不愿与他人接触，待人冷酷漠然，对周围的人常有厌烦、鄙视或戒备的心理；在处理事情上显得胆小、退缩、懦弱；疑心重重，喜欢猜忌他人，容易神经过敏。可见，孤僻对儿童的身心健康是十分有害的。如果受这种消极情绪长期困扰，不仅会损伤身体，还会对儿童的身心健康发展造成不良影响。①

---

① 庄明．农村留守儿童安全教育［M］．成都．天地出版社，2008.123.

长期处于孤独状态会导致留守儿童适应不良，找不到社会归属感，并导致自尊下降，因而他们逐渐内心封闭，情感冷漠、性格孤僻，不愿意理睬别人，独来独往，社会交往能力变差。加上父母和孩子长期缺乏交流沟通，即使是跟父母有联系和沟通，父母忙于赚钱往往只关心孩子的花费问题，导致很多留守儿童对亲情逐渐淡漠，就更加难以在人际交往中与他人形成感情。留守儿童和其他儿童一样将来终究要在社会上立足，生存。致使孩子孩子性格孤僻，有的家长只会一味地抱怨，甚至责怪孩子，却从未想过是什么原因造成的。家庭是个体社会化的起点，父母对儿童人格、品格及情感等方面的教育，以及他们在父母亲情呵护下所形成的心理归属和依恋，是个体心灵发展与完善的重要条件，父母亲自教育与亲情的缺失显然不利于儿童的身心健康成长。家庭是孩子成长的第一个很重要的环境，父母是孩子的第一教师，父母给予孩子什么样的家庭教育和关爱，孩子就会成为什么样的人。

引导教育，扩大孩子生活范围。孩子孤僻的不良心理行为是在环境和教育的影响下逐渐发展起来的，不能指望一朝一夕就能克服。所以，要帮助留守儿童克服孤僻的习惯，不能操之过急。一定要循序渐进地耐心引导，多与孩子进行沟通交流。例如，给孩子讲故事，然后和孩子一起讨论故事情节和内容，这会增强孩子的表达能力，帮助孩子多开口。

留守儿童多生活在老人身边，缺乏充足的活动范围，这时要有意识地让孩子广泛接触社会，引导孩子与其他人接触，让他在不知不觉中参与到游戏、购物、接待客人等活动中去。对不愿意找别人玩的留守儿童，可以先带他们观察别的小朋友做游戏，当他被其中的乐趣所感染时，请别的小朋友来邀请他，并鼓励他积极参与，扩大孩子的接触范围。

出门在外的父母常常与孩子交流生活，多关心孩子在日常生活中发生的事情，父母多关注留守孩子的社交生活，培养留守儿童建立良好的同伴关系及人际关系，留守孩子就会积极主动地投入集体生活中去。良好的人际关系是儿童特殊的信息渠道和参照框架，也是儿童得到情感支持的来源之一，可

以满足儿童归属和爱的需要以及尊重的需要，对留守儿童的身心健康发展有着不可磨灭的作用。这样就能逐渐改变孤僻的行为习惯，以后才能融入到集体生活中，留守儿童才能积极勇敢地面对学习生活。

第五章 防止留守儿童产生不良道德行为习惯

【案例介绍一】 小小娃有偷窃倾向①

张锦丽的女儿3岁了，有一次她发现这么小的孩子竟然有“偷窃”倾向。那天，他带着女儿去超市买东西，在挑好物品付完款之后准备离去，不过出来时发现孩子手里竟然拿着一个精致的钥匙扣。张女士虽然很生气，不过没有训斥孩子，而是带着她去付钱，并向超市的人员道歉。

在付款时，妈妈对孩子说：“每一件东西都有价钱，妈妈只有把钱给收款的阿姨，才能拿走，这些东西才属于我们。”之后每次去超市，张女士都会让女儿拿一件小东西，在收款台前，让女儿自己付款，加深女儿买东西要付款的印象。

【案例介绍二】 孩子的破坏癖②

张爷爷的小孙子杨杨8岁了，孩子父母都在外打工很少回来。最近杨杨迷上了“修”东西，每天老是拿着一个螺丝刀这里捣捣那里弄弄的，并嘴里还喊着：“爷爷，这个坏了，我修修。”结果家里的好东西都被他弄坏了。本来爷爷不想让他修，但是不让杨杨就哭闹，爷爷实在没办法了，能破坏的东西都让孩子破坏完了。爷爷带杨杨去公园遛弯时候，杨杨也是见到公用的健身器材就拳打脚踢，有花草树木就随意摘折，一点没有爱护它们的意思，爷爷只好无奈地少带他出去玩。没几天，刚好孩子的父母回来了，张爷爷向孩

---

① 李少聪．农村留守儿童心理及行为问题疏导［M］．西安．第四军医大学出版社．2011. 111.
② 李少聪．农村留守儿童心理及行为问题疏导［M］．西安．第四军医大学出版社．2011. 114.

子父母讲述。

父母给孩子带了一个玩具车，他玩了半小时就给弄坏了散开了，怎么弄也弄不好了，然后拿起他的螺丝刀开始修。家长也拿他没办法，说他就是一个“破坏大王”。

【案例介绍三】 留守少年学校里偷拿同学的东西

班主任刘老师说，最近班里总是有同学说丢课本、文具和放在文具盒里的零用钱。老师觉得这事可大可小，随即展开暗中调查，加上同学们的配合，最终发现了班里的“扒手”是留守学生小明。

小明是二年级学生，家里贫困，和姥姥姥爷一起居住，父母常年在外打工，回来时间很少。老师了解到这个情况后，没有对小明公开的批评指责，而是把他叫到了办公室，和他促心畅谈，小明也敞开了自己的心扉，说很羡慕其他同学有那么多的好玩的好吃的，可是自己的父母又不能满足他，姥姥姥爷更是不管他，所以产生了小偷小摸的行为。在老师的劝导和教育下，小明保证以后再不会发生此类事情了。

【专家分析】

上述案例反映出留守儿童易出现的几种道德行为问题：

1. 道德认识危机。对于父母都在外务工的留守儿童，大多都留在家跟上了年纪的爷爷奶奶一起生活，由于祖辈们文化水平较低，生活圈子狭窄，价值观念陈旧，接受的育儿教育也少，不知道哪种方法才是培养孩子的正确方式。在物质生活上往往下意识地尽量让其满足，而在对孩子的精神和道德的管束引导上基本没有概念。另外，新时代网络、电视等媒体广泛普及，伴随而来的还有各种庸俗、低级趣味信息的泛滥，儿童自身还不具备是非判断力，致使留守儿童在思想道德上放任自流，易产生道德认识危机。

2. 价值观易出现偏差。在留守儿童父母的心理上，常常因长期无法给予孩子日常的照顾而产生负疚感，进而不自觉地采取物质与溺爱的方式对孩子进行补偿。长此以往，部分留守儿童形成了好逸恶劳、物质上互相攀比、摆阔气装大方、奢侈浪费等享乐主义的人生价值观。家长因其自身在这方面没有过多的理论认识，因而对孩子的人生价值观也没有引起重视。如此导致部分留守儿童在学习中缺乏进取心和刻苦钻研精神，得过且过，加上父辈祖辈平日里的一些举止行为的影响，只想混个初中毕业证就外出务工，很难形成良好的人生观、世界观、价值观。

3. 道德品行易出现问题。留守儿童一般为学龄前儿童、小学生、初中生，正处于心理成长的关键时刻。如果是有祖父母来隔代抚养教育，往往意味着由低文化者来抚养孩子；而托付亲戚照管的，亲戚普遍认为不便过多管教或经常盘问，毕竟不是自己的孩子；而学校教师由于受到教育条件的限制，对每个学生的关注也十分有限。所以留守孩子由于长期处于这种状况中，在行为习惯上容易发生消极变化，且难以及时得到纠正，有的甚至出现了较为严重的违法乱纪的现象，这样很容易使孩子成为迷途的羔羊，越走越错，甚至走上不归路，严重影响了他们的健康成长。

留守儿童产生心理问题的原因：

1. 缺乏良好的亲情教育。对中小学阶段的留守儿童，年龄多处在7~14岁之间。在这个阶段，正是儿童成长过程的第二关键期，孩子的品德行为都是在这个阶段培养生成的，亲子关系的正常发展起着非常重要的作用。众所周知，依恋关系是孩子身心发展过程中的一个基础，良好的依恋关系能够满足孩子的基本生理需要，能够帮助孩子形成对社会的安全感和信任感。然而，相对于其他同龄儿童来说，留守儿童自幼便远离父母，缺乏亲情，从而缺乏一种稳定而和谐的亲子关系，长期处在这种特殊的生活环境中，极易表现出胆小、迟钝、呆板、不与人交往，怀有敌对、破坏等不良的人格特点。这些不良的人格特点会直接影响到留守儿童的身心发展，致使留守儿童往往在情绪上变得焦虑、悲痛、厌恶、怨恨、忧郁；在性格上变得孤僻自卑，缺乏自信，存在不同程度上的心理问题。

2. 监护人不能完全胜任对孩子的管教。留守儿童大多数由祖父母进行监护抚养。老一辈的思想观念比较陈旧，用传统三纲五常去教育现代的儿童是行不通的，或者因为他们本身也精力不足还要照顾农活和家务，很少有时间去看管孩子；而少部分是由亲朋好友做监护，还有的是由老师看管或兄弟姐妹之间互相照顾，对于别人的孩子，通常是不敢管、管不了、也没法管，于是采取通融政策，只要不犯大错误即可。在这种特殊的教育环境下，留守儿童养成了一些不良的生活习惯，最后导致出现一系列的不良问题。

3. 学校教育因素。学校对人格形成与发展的影响是不可忽视的，学校是国家法律规定的要承担教育儿童读书做人的法定义务机构，应该对学生的教育起“挑大梁”的作用。学校是一种有目的、有计划地向学生施加影响的教育场所，其教育也会影响到留守儿童身心健康的发展。然而学校的教育管理制度不都是足够完善的。现在大多数的学校、老师十分关心学习“成绩好”的学生，而忽略“成绩差”的学生。留守儿童属于特殊的社会群体，其生活条件和学习条件明显的比其他同龄儿童差，学习方面显得困难重重，自然而然不引起学校、老师的注意。加之留守儿童性格孤僻自闭，沉默寡言，大多有人际交往障碍，极易产生一定程度的心理问题，作为老师没有引起足够的重视，不能给予及时的引导，使其心理问题更为严重。

4. 社会因素。首先，我国的产业结构发展不合理，工业发展快，农业发展滞后，致使农村大量的剩余劳动力外流，加之工作以及经济条件的限制，使得父母不得不把孩子留置家中，从而导致留守儿童的数量越来越多。其次，社会教育制度不够完善，使得社会上存在大量的不良少年，他们整天游手好闲，拉帮结派，偷摸拐骗，对社会造成了很大的不良影响。社会相关部门没有承担起教育他们的责任，加之留守儿童由于缺乏父母的管教，缺乏及时的引导，很容易受不良分子的诱惑、拉拢，最终误入歧途。再次，因有关部门缺乏对娱乐场所的有效管理，网吧歌厅都没有对未成年人紧锁大门，致使众多未成年留守儿童产生厌学、逃学、学习干劲不足等不良的学习心态，整天沉迷于娱乐场所，不能自拔。

5. 自我调控因素。事物的内因才是决定事物发展的真正原因，以上引起留守儿童心理问题的原因均属于外部因素，而外因是通过内因起作用的。留守儿童本身的自我调控系统就是其内部因素。大多数留守儿童表示自己的自控能力较差，只有极少部分认为自己自控能力很强。自控能力差的留守儿童比自控能力强或者一般的留守儿童在情绪、情感、学习心态和行为方面更易产生不良的心理问题，从而影响其人格的健康发展。

【专家支招】

留守儿童出现的这些问题，不仅会危及这些孩子的健康成长，而且会给教育以及社会发展产生较大的负面影响，能否解决好这一问题意义重大，关乎九年制义务教育的真正落实和质量的提高，是留守儿童身心健康发展的必要保障。而这个问题的解决有赖于家庭、学校、社会、政府多方面的共同努力和合作，针对留守儿童出现的这些问题，我们应从家庭、学校、社会各方面给予关怀，下面谈几点对留守儿童心理健康教育之对策：

1. 营造良好的教育环境。在留守儿童的教育中，政府、学校和教师应义不容辞地发挥主导作用。首先，政府要加大对中小学阶段寄宿制学校建设的投资力度，改善住宿条件，改进教育管理方式，尽量凸显人文关怀，使留守儿童在学校这个“暂时的家”中处处感受温暖。同时，学校要加强校园文化建设，增加对学校体育设施的投入，丰富孩子们的校园生活。充分利用起阅览室和图书馆，引导留守儿童阅读书籍，感知文化，陶冶情操，使他们在潜移默化的校园文化中健康成长。加上，教师的处处留心与留守儿童交谈，定期、及时与留守儿童的父母、监护人进行沟通，让留守儿童尽量在老师关心、同学关爱的群体中成长。

2. 充分发挥社区积极性。有条件的村、社区可利用活动室开展一些娱乐、教育活动，使留守儿童有地方玩耍，在一定程度上可避免他们混迹网吧等不良场所。鼓励、调动社会力量，如退休的老教师，放假在家的大学生等，为留守儿童提供看护、学习、教育、生活、安全、兴趣等服务，引导这些孩子多参加有益身心健康的活动。加强社区、学校和家庭的联系，构建政府、村（社区）、学校、家庭紧密相结合的教育网络，共同促进中小学生身心健康发展。

3. 家长充分重视。留守儿童的心理问题主要是由于家长长期不在身边，缺失至亲关爱造成的。因此身为父母要充分重视孩子身心健康成长，留意孩子言行，多跟孩子交流谈心，表达爱意不光是体现在物质上的满足，更重要的是满足情感需求。学习生活上的事多加询问，注重培养孩子独立自强的精神。其次，主动与老师、社区和社会沟通，对孩子遇到的问题及时救助，使孩子的不良行为习惯及时的消失在萌芽之中。

4. 呼吁社会共同关爱。我们社会应该携手共同关爱这些孩子。网络、电视媒体积极做好宣传，建立良好的社会舆论，组织城市儿童与农村留守儿童手拉手活动，让留守儿童充分感受到社会的温暖。有关部门，加大对黄色、暴力的游戏、影像、现实现象的打击力度，为留守儿童创建一个文明、安全与和谐的文化氛围。各社区要利用节假日深入调查他们的生活学习情况，为家庭困难的留守儿童提供生活、学习上的帮助。另外，在校大学生是一个积极向上的团体，要倾情投入帮助留守儿童的志愿活动中来，可以利用课余时间开展帮扶活动，给留守儿童送温暖、送知识，用朝气蓬勃、积极向上的精神气质照亮他们的心灵。

总之，各方面共同关注，环环相扣，在社会这个温暖的大家庭下，我们相信并且期待，留守儿童这些失去温室，经历风雨的花朵，将来开放得更加艳丽。